JN187930

SEO 対策のための Webライティング実践講座

HOW TO WRITE GOOD WEBSITE CONTENT FOR SEO

鈴木良治
RYOJI SUZUKI

技術評論社

はじめに

本書は、Webサイトで常に目的の成果を上げられるよう、Webに最適化した、感覚に頼らない新しいライティング方法を、専門知識のない方でも実践できる形で提供する書籍です。

これまでなかった新たな方法論が、Webライティング初心者はもちろん、Webライティングを職業とする上級者にとっても新たな気づきを提供し、すべての人にとって意義のある書籍となることを願っております。

■ WebにはWebに最適な方法がある

Webライティングは、簡単にいえば「Webで公開するコンテンツを作成すること」にすぎません。また、Webは書籍や新聞などの紙の世界と異なり、非常に歴史が浅いため、まだまだ研究が進んでいない分野でもあります。

そのため、多くの既存の専門書やセミナーでは、紙媒体で利用されてきた方法の簡易版を紹介するだけで、「Web」のためのライティング方法は語られずにきました。しかし、Webのコンテンツはすべてのページがスタートページになり得ること、画面上ではページの一部分しか表示されないこと、ほかのコンテンツと容易に比較されること、SEO対策によって集客できることなど、紙の世界とは異なるさまざまな特徴があります。Webの世界で大きな成果を上げたいのなら、Webの特徴をふまえ、紙媒体で利用されてきた方法の簡易版ではなく、Webの世界に最適なライティング方法を確立する必要があります。

本書はWebの特徴をふまえたライティング方法はもちろん、Webだからできる情報収集や改善方法、さまざまな無料ツールの利用方法など、紙媒体とは異なる、Webのための新しいライティング方法を提供します。

■ 感覚に頼るライティングはダメ

学生時代、国語の先生に文章を上手に書けるようになりたいと相談したところ、「たくさんの本を読みなさい」といわれたことがあります。国語は数学や科学とは異なり明確な答えがないため、ときとして多くの人が感覚に頼って向き合おうとします。しかし、感覚に頼った方法を身につけられるかどうかは不確実で、たとえ長い時間をかけて身につけても、常に安定した成果を上げることは困難です。

もちろん、小説や詩のような人の心を揺さぶる文学作品を作成するためには、豊かな感性と豊富な経験が必要でしょう。しかし、Webライティングの目的は、「商品を売りたい」「ファンを増やしたい」「会員を獲得したい」など、非常に明確で単純な成果です。より早く、より安定した成果を上げたいのなら、感覚に頼らない再現性の高い方法を確立し、実行する必要があります。

本書は、高い成果を上げるコンテンツを常に作成できるよう、成果の上がる文章の構造やストーリータイプ、効果的なアピールポイントを具体的に提示するなど、感覚に頼らない再現性の高い方法論で構成されています。

■ 10年先を見据えたSEO対策

本や雑誌などのリアルの世界のコンテンツでは、ターゲットを振り向かせるためにさまざまな宣伝が必要です。一方Webコンテンツは、検索エンジン対策ができれば、コストをかけた宣伝をしなくてもターゲットに情報を届けることができます。検索エンジンに対策し、検索結果の上位に目的のコンテンツを表示する方法はSEO対策と呼ばれ、Webサイトの成否を決める最大の要因の1つとなっています。

このWebでの成否を決めるSEO対策に対して、さまざまな業者や専門家が向き合ってきましたが、2011年以降、世界最大の検索エンジンであるGoogleが行ったパンダアップデートやペンギンアップデートと呼ばれるサイト評価基準の変更で、それまでのSEO対策のほとんどが通用しなくなり、多くのWebサイトが収益を上げられなくなりました。そしてこのような変更は、今も途切れることなく続いています。

本書はSEO対策の本質に立ち戻り、「検索エンジンのあるべき姿」を考え、検索エンジンの進む未来に沿った方法を確立することで、激動するWebの世界ですぐに効果を失う小手先のSEO対策ではなく、常に成果を上げ続けるSEO対策を実現する書籍です。短期的な効果だけでなく、長期的な視点に立った、10年先も通用するコンテンツの作成方法を身につけることが、より大きな成果をもたらすのです。

■ 万人が書くべき情報を持つわけではない

Webライティングに限らず、何かコンテンツを作成する際に、好きなことや得意な分野の情報だけで作成できることは稀です。もっといえば、好きな分野や得意な分野でさえ、他人に提供し、対価をもらえるほどの情報を持っている方がどれだけいるでしょうか。しかし現在は、ホームページやブログ、SNSを利用して、専門家でない一般の方でも情報を発信し、アフィリエイトなどで収入を得られる時代です。また、望まなくても業務としてWebコンテンツを作成しなくてはならない状況に置かれることもあります。

本書では提供する情報がない方や、コンテンツを多量に作成するために自分の専門分野ではないコンテンツを作らなくてはならない方でも、人気のトピックスを選定し、目的の成果を上げるコンテンツを作成できるよう、具体的な情報収集の方法から解説をしています。十分な知識を持ち、対価を得られる情報を持っている方にとっても、Webを生かしたトピックスの選定方法や情報の収集方法は、非常に参考になるでしょう。

■「知っていること」と「できること」は違う

スポーツの技術は、突き詰めればすべて、てこの原理や遠心力などの物理法則にもとづいています。だからといって、てこの原理や遠心力などの物理法則を知っているだけでは、サッカーでシュートを決めたり、柔道で人を投げたりできるわけではありません。何事にも当てはまりますが、「知っていること」と「できること」は違うのです。

同様に、原理や方法が羅列されている本を多く見かけますが、それらの実践方法が書かれていなければ実行できず、成果に結びつきません。成果を上げるためには、原理や法則だけではなく、「できる」ようになるための「やり方」が必要です。

本書は「読めばできる」実践的な書籍となるよう、実際に実行するための具体的なやり方にまで落とし込んだ「方法」とともに、それを実際に実行した「実践」をセットで掲載しています。パソコンを開き、一緒に作業をしながら本書を読み進めてください。本書を読み終わったとき、しっかりと成果を上げられるコンテンツが1つ、できあがっているはずです。

■実は非常に広い、Webライティングの領域

高い成果を上げるWebコンテンツを作成するには、読みやすくアクションに結びつく文章を作成するスキルはもちろん、低コストで多くの人に見てもらうためのSEO対策、検索結果をクリックしてもらうためのキャッチコピー、訪問者が読みたくなる見た目、コンテンツを改善し効果を高めるアクセス解析…、とさまざまな分野のスキルが必要です。

本書はSEO対策の効いたWebコンテンツを作成する方法を柱に、キャッチコピーの作成やレイアウトの方法、アクセス解析の方法など、非常に広い分野を網羅することで、本書1冊で、常に成果が上がるWebコンテンツを作成できる構成になっています。また、全分野が1冊にまとまっているので、一貫した矛盾のない方法論として利用でき、実践時に迷う心配もありません。

■満足度89.5%の人気セミナーを書籍化

私の運営する会社では、「Webに最適」な「感覚に頼らない」方法を追求し、「提供する情報を持たない人」でもそれを「できる」ようにする「やり方」をセミナーやコンサルティングを通して提供してきました。私達が追及する、専門的な知識や経験、そして感覚に頼らず、すぐにどなたでも実行できる方法論は非常に好評で、セミナーでは常に高い満足度を達成しております。その人気のセミナーの内容をまとめ直し、「1冊あれば、Webコン

テンツの作成がすべてできる本」になるよう情報を追加して作成したのが本書です。

ものすごいスピードで技術革新が行われ、激動するWebの世界で、長い間成果を出し続けるコンテンツを作成する方法を追求し、どなたでも実行できるやり方とともに提供する本書は非常に挑戦的な書籍であり、皆様にとって価値ある1冊となると信じております。

■ 本書の概略

本書は、「1冊あれば、Webコンテンツの作成がすべてできる本」となるように、以下の構成になっています。

・最新の状況をふまえた基礎知識のおさらい
・SEO対策の効いたWebコンテンツの作成方法
・効果的なキャッチコピーの作成方法
・アクセス解析によるWebコンテンツの改善方法
・目的別Webライティングの注意点
・各作業を助ける無料ツールの紹介

流れに沿って読んでいくことで、Webライティングに必要な知識を理解し、常に成果を上げられるWebコンテンツを作成するスキルが身についているでしょう。

■ 参考文献

本書の第4章「効果的なキャッチコピーを生み出そう」において、元となったセミナーで、「ザ・コピーライティング ―心の琴線にふれる言葉の法則」(ジョン・ケープルズ著、ダイヤモンド社)を参考にしましたのでここに記します。

「ザ・コピーライティング」は、1932年に初版が書かれたWebを想定していない書籍であるため、Webでの方法論を扱い、独自の考察や検証にもとづき作成した本書とは内容は異なりますが、コピーライティングの概念やまとめ方において参考としたところがありますので、ご興味のある方は原著をご確認ください。

末筆になりますが、この書籍がきっかけとなり、Webライティングの分野がより発展し、また、感覚ではなく、どなたでもできる再現性のある方法論を追求する流れが起こることを願っております。

アンドバリュー株式会社
代表取締役社長　鈴木 良治

Contents

目次

第3章 実践！ Webコンテンツの編集と校正

Contents

目次

第7章 プロも使う無料ツール紹介 Webライティング編

第8章 プロも使う無料ツール紹介 SEO対策編

Contents

目次

なぜWebライティングがSEO対策に有効なのか?

Section 01 SEO対策の鍵！Webライティング

Category SEO対策&Webライティング SEO対策 Webライティング

検索エンジンの検索結果において上位表示されるよう対策し、Webサイトへの集客を最大化するSEO対策。このWebにおいて必須の対策で、小手先の「裏ワザ」は通用しなくなり、Webライティングが鍵となる大変革が起きてきていることをご存知ですか？

なぜ今Webライティングが注目されるのか？

2011年以降、世界最大の検索エンジンであるGoogleが実施したパンダアップデートやペンギンアップデートと呼ばれる一連のサイト評価基準の変更は、アフィリエイターやSEO業者を含む、Webに関わるすべての人に大きなインパクトを与えてきました。

評価基準の変更で多くのWebサイトが影響を受けただけでなく、名前にある「パンダ」や「ペンギン」が白黒カラーであるのと同様に、**検索エンジンが「良いWebサイトと悪いWebサイトを判別し、その評価を白黒はっきりさせる」という意思を明確に示し、それをかなりの精度で実現したことは、検索エンジンの穴をつく「裏ワザ」対策が主流となっていたSEO対策において、手法の大転換を意味しました。**

■ 検索エンジンが評価するWebサイトとは？

評価基準の変更により、裏ワザ対策に頼ったWebサイトの多くが成果を上げられなくなりました。この傾向が強まる現在、検索エンジンが「白」と判断して高く評価する「良いWebサイト」とは何かを知り、そこに立ち返ることが求められています。Googleが提供する、「品質に関するガイドライン」を確認してみましょう。

ここで**「良いWebサイト」と評価される鍵は「独自性」「価値」「魅力」「差別化」、つまり「オリジナリティ」であることがわかります。**現在のSEO対策では、「オリジナリティのあるコンテンツの作成方法」が重要なのです。

品質に関するガイドライン

この品質に関するガイドラインでは一般的な偽装行為や不正行為について説明していますが、ここに記載されていない不正行為についても、Google で対応策を実施することがあります。また、このページに記載されていない行為が許可されているとは限りません。抜け道を探すことに時間をかけるより、ガイドラインを遵守することでユーザーの利便性が向上し、検索結果の上位に表示されるようになります。

Google の品質に関するガイドラインに準拠していないと思われるサイトを見つけた場合は、スパム報告で Google にお知らせください。個別の不正行為対策を最小限に抑えられるよう、Google では拡張可能で自動化された解決方法の開発に努めています。Google では、すべての報告に対して手動による対策を講じるとは限りませんが、ユーザーへの影響度に応じて各スパム報告に優先度を設定し、場合によってはスパム サイトを Google の検索結果から完全に削除することがあります。ただし、手動による対策を講じた場合には必ずサイトを削除する、というわけではありません。また、報告を受けたサイトに対して Google で対策を講じた場合でも、その効果があったかどうかが明確にならないこともあります。

「ウェブマスター向けガイドライン（品質に関するガイドライン）」

URL https://support.google.com/webmasters/answer/35769

SEO対策とWebライティング

Webライティングは、簡単にいえば「Webで公開するコンテンツを作成すること」にすぎません。ですから、既存の専門書やセミナーでは、簡易的な作文方法が紹介されるだけで、「Webライティング」の方法論は語られずにきました。

しかし、書籍や新聞などの紙媒体とは異なるWebの世界には、Webの世界に最適なライティング方法があります。例えば、Webサイトに必須のSEO対策も、Web特有の概念です。**本書は、Webの特徴をふまえ、以下の2点を備えたコンテンツの作成方法を体系的に解説することで、誰でもSEO対策の効いたコンテンツを作成できるようにします。**

- 検索エンジンが高く評価する、高いオリジナリティ
- 検索エンジンに効果的に伝わり、短期間で最大の効果を発揮する文法

ライバルに差をつけるWebライティング

検索エンジンの技術は飛躍的に進歩し、この進歩はこれからも留まることなく続いていくでしょう。ですから、日増しに少なくなっている「検索エンジンの穴」を探してSEO対策を施しても、その効果はすぐになくなり、困るのは目に見えています。

■ 検索エンジンと敵対せず味方につけよう!

裏ワザによって検索エンジンをだませないのなら、「だまそうとはせず、検索エンジンが認めるコンテンツを作成し、効果的に伝える」。これが、もっとも本質的で、長い間高い効果を発揮する対策になります。

しかし、実現できているWebサイトはまだ多くありません。本書は、このなかなか実現できない、本当の「Webライティング」を方法論まで昇華し、実例とともに解説します。誰でも「本質的な対策」を実現し、ライバルに差をつけられるようにすることを目的とする書籍です。

POINT　検索エンジンをだますのではなく、効果的に伝える

「オリジナリティの高いコンテンツを作成し、その内容が検索エンジンに効果的に伝わるようにする」ことが、もっとも本質的で長く効果を発揮するSEO対策です。

Section 02 そもそもSEO対策とは何か?

Category SEO対策&Webライティング SEO対策 Webライティング

Webサイトを運営していく際に必ず耳にする、SEO対策。その詳細の話をする前に、そもそもSEO対策とは何か、そして、なぜWebサイトを運営する際に重要なのか、今1度しっかりとSEO対策について確認しましょう。

そもそもSEO対策とは何か?

SEOとはSearch Engine Optimization（検索エンジン最適化）の略で、GoogleやYahoo!のような**検索エンジン（Search Engine）のルールに最適化（Optimization）したWebサイトを作ることで、対象のWebサイトを検索結果の上位に表示させ、訪問者数を増やすことを意味します。**

例えば、カメラを販売しているWebサイトを、「カメラ」や「カメラ 販売」「カメラ おすすめ」「カメラ 激安」…などのキーワードの検索結果の上位に表示できれば、多くのお客さんが対象のWebサイトを自然に訪問してくれるようになり、大きな売り上げが期待できます。このような状況を作る技術がSEO対策なのです。

Webサイトへの道を作るSEO対策

普段Webサービスを利用する際、直接URLを入力して目的のWebサイトに行くでしょうか。GoogleやYahoo!のような検索エンジンが登場する前は、多くの人がアドレスバーに直接URLを入力し、目的のWebサイトを訪れていました。

しかし、今はまったく状況が変わっています。現在、日本でもっともアクセス数の多いWebサイト、Yahoo!JAPAN のURLをしっかり覚えている方がどれほどいるでしょうか。以下の3つのURLの中から、「これだ！」と思うものを選んでみてください。

❶http://www.yahoo.com/
❷http://www.yahoo.jp/
❸http://www.yahoo.co.jp/

◀答えを選んだら、今度はよく利用するWebサイトを5つ挙げ、そのURLを書き出してみましょう。どれだけ正確に書けるでしょうか。

答えは❸の「http://www.yahoo.co.jp/」です。このように、検索エンジンの普及した今日では、日本でもっとも利用されているYahoo!JAPANですら、URLはほとんど覚えてもらえず、検索エンジン経由で訪問されます。つまり、**Webサイトを作成しても、検索結果に表示されなければ、そのWebサイトにはたどり着けないのです。**

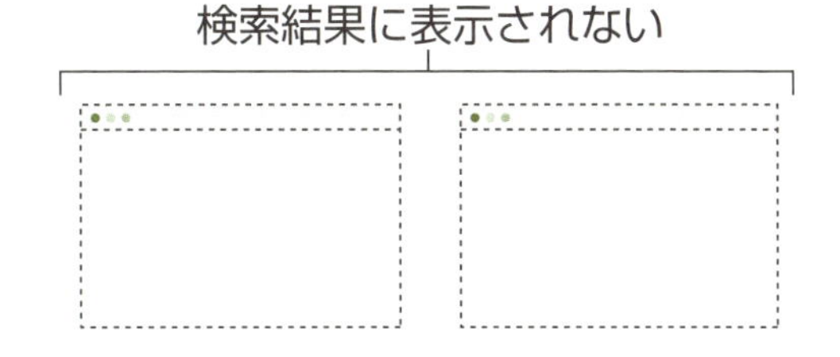

▲どんなに見た目が良くても、検索結果に表示されないWebサイトは、訪問する術がありません。

SEO対策はWebサイトの成否を決める分水嶺

下のグラフは、検索結果1ページ目の表示順とそのクリック率の関係を表しています。このように、検索結果の1ページ目に表示されていたとしても、表示される順位が下がるとクリック率が大きく下がってしまうのです。さらに、2ページ目以降に表示されるWebサイトともなると、そのクリック率はより大きく下がっていきます。

このクリック率の大きな差が、多くのWebサイトが成果を上げられない状況を作ります。**目的の成果を上げるためにも、SEO対策を行い、検索結果の順位を引き上げることは重要なのです。**

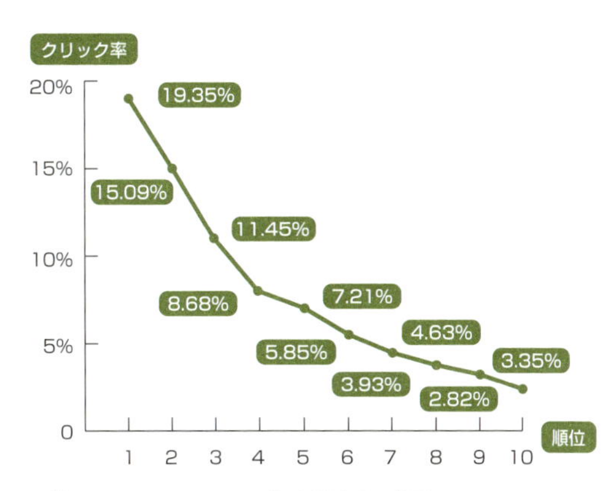

▲ 英NetBoosterの2014年度調査より参照。

POINT　検索結果に表示されないサイトは、砂漠の中の城

サービス名やサイト名で検索しても検索結果に表示されないWebサイトはたくさんあります。Webサイトを生かすために、最低限のSEO対策は必須です。

Section 03

SEO対策がもたらす大きなメリット

Category SEO対策&Webライティング **SEO対策** Webライティング

リアルの世界では、お客さんに知らせるために宣伝が必要ですが、Webの世界では検索エンジン対策ができれば、コストをかけた宣伝は必要なくなります。この特徴を最大限に生かす技術、SEO対策がもたらす主なメリットを確認しましょう。

高アクション率のユーザーをピンポイントで集客

SEO対策を行うと、サービスや商品に関連するキーワードを検索した人が集まるので、ほかの集客手段に比べ、高い確率でこちらの目的の行動をしてくれます。

例えば、「カメラ おすすめ」や「カメラ 激安」などのキーワードを検索する人は、「カメラ」に興味があるだけでなく、カメラを購入するために情報収集をしている人でもあります。ですから、カメラを販売しているWebサイトが「カメラ おすすめ」や「カメラ 激安」などのキーワードで上位表示されるようになれば、ただ訪問者数が増えるだけでなく、購入率も上がることが期待されます。

信頼感が高まり安心して利用してもらえる

検索結果の上位に表示されるWebサイトは、GoogleやYahoo!が「お墨つき」を与えたWebサイトとみなされ、利用者が安心して利用してくれる傾向があります。

コンサルティング先で、お問い合わせ理由を集計すると、「1番上に表示されていたから、良いサービスだと思った。」という答えが多いことに驚きます。多くの人が、検索結果の上位に表示されていることを、良いサービスであることの証とみなしているのです。

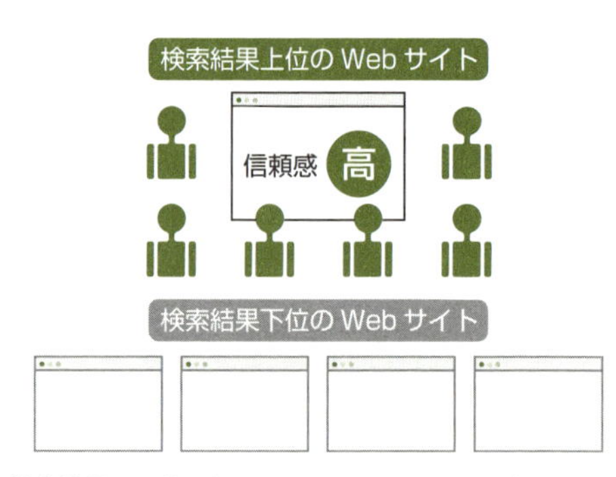

▲検索結果の上位に表示されていることは、信頼感の証とみなされます。

集客コストを大幅に下げられる

SEO対策には有料の施策と、Webライティングなどを含む無料の施策がありますが、技術を身につければ、無料の施策だけでもかなりの集客ができます。

実際に、私がこの仕事を始めて最初に作成したWebサイトでさえ、半年で月1.5万人、1年で月2万人ほどが訪れるようになりました。これは、目の飛び出るような賃料がかかる銀座や新宿の一等地に軒を並べるショップでも、なかなか実現できない集客数です。

このように、お金をかけずに個人でSEO対策を行っても、集客コストを大幅に下げられる可能性があります。だからこそ、個人でWebサイトを運営しても、大手企業のWebサイトに負けない大きな収益を上げられるのです。

長期に渡って安定した集客が可能

Sec.01でも簡単に触れましたが、**検索エンジンの技術が飛躍的に進歩したことで、SEO対策でも安定的な集客が可能になりました。**

これまで主流だった、「検索エンジンをだます」対策は、検索エンジンに対処されるたびに効果を失い順位が下落するため、「SEO対策は安定しない」といわれてきました。しかし、検索エンジンが進歩し評価基準が安定した今、「本質」に沿った対策を行えば、その順位は安定します。また、「裏ワザ」というドーピングを行ったWebサイトに抜かれて、急に表示順位が落ちることもなくなりました。その結果、1度上位に表示されるようになれば、長期に渡り安定した集客が期待できるのです。

▲本質に沿ったSEO対策を行ったWebサイトは、順位の変動が少なく安定して集客を見込めます。

POINT　SEO対策は、長期に渡り安定した収益をもたらす

「裏ワザ」が通用しなくなったことで、SEO対策は低コストで高い効果を発揮するだけでなく、長期間安定した効果を発揮することも期待できます。

Section 04 注意! SEO対策の弱点とその解決策

Category SEO対策&Webライティング　SEO対策　Webライティング

Webサイトにとって、非常に大きな力となるSEO対策。しかし、SEO対策といえども万能ではありません。ここではそんなSEO対策の弱点を確認し、しっかりと解決策を理解することで、より確実に成果を上げられるようにします。

効果が出るまでに一定の時間が必要

一般的に、Webサイトはリリース後半年ほどはなかなか評価が高まりません。それは、無数にあるWebサイトの中から、検索エンジンが新しいWebサイトを見つけるまでに時間が必要なため、そして、一定以上の期間運用できているWebサイトの方が、多くの人が利用し支持しているとされ、高い評価が与えられるためです。

解決策としては、評価が高まらない時期は広告を併用するか、人が来ないことを逆手に取り、正式な公開前に少し不備があってもできるだけ早く公開してしまうことで、「時間」という評価を稼ぐ方法があります。

▲新しい店舗より古くからある老舗が選ばれるように、Webサイトの評価にも時間が必要です。

突き詰めると専門知識が必要になる

現在のSEO対策では「オリジナリティの高いコンテンツを作成し、その内容を検索エンジンに効果的に伝える」ことが重要です。そして**「効果的に伝える」ためには、SEO対策の知識に加え、プログラミングの知識も必要になります。**

解決策としては、しっかりとSEO対策が施されたWebサイト作成サービスを利用する必要がありますが、本書では、できるだけ専門知識を必要としない方法論を追求し、誰でも実践できるようにしています。

対応しきれない環境要因がある

SEO対策にも、狙いたいキーワードの検索件数が少なすぎたり、ライバルとなるWebサイトが強すぎたりと、対応しきれない環境要因があります。しかし、このようなことはSEO対策に限ったことではありません。

反対に、SEO対策では簡単にさまざまな関連データを取得できるため、検索件数が多くライバルの少ないキーワードを探すこともできます。本書では、さまざまなリスクを避け、環境要因にも負けずに大きな成果を上げる方法を解説していきます。

▲SEO対策も釣りと同様に、魚のいない水たまりやプロの漁師が漁船団で漁をしている漁場を避け、まだ多くの人が気づいていない、秘密の釣り場を見つける方法を知れば、大きな成果が期待できます。

「正解」を知る術がない

基本的に検索エンジンは、意図的に検索結果を操作するすべての行為を禁じています。そのため、**検索結果に影響を及ぼし、上位表示を可能とする重要な情報は、トップシークレットであり絶対に教えてくれないので、検索エンジンに最適化するためのすべての方法論は推測の域を出ません。**

そこで本書では、私たちが行っている調査やコンサルティングの中で、一定以上の率で大きな成果を上げた施策と、Googleなどの検索エンジンが出している公式発表を照らし合わせ、これから先も、長い間に渡って効果を発揮するであろう方法論のみを紹介していきます。

POINT　彼を知り己を知れば百戦殆うからず

非常に効果の高いSEO対策も万能ではありません。しっかりと弱点を把握した上で利用することで、その効果はより安定し、大きくなります。

Section 05 大変革を遂げたSEO対策の最前線

Category SEO対策&Webライティング SEO対策 Webライティング

2011年頃から検索エンジンはさまざまな変更を行い、SEO対策に大きな影響を与えてきました。ここまででSEO対策の基礎は確認できたので、ここからは、その影響によって何が変わったのか、SEO対策の最新情報を確認します。

「裏ワザ」時代の終焉

初期の検索エンジンが登場した1990年代半ば、SEO対策は非常に簡単に行えました。検索エンジンの評価基準には穴が多く、例えば、利用者には見えない形でWebコンテンツにキーワードをたくさん入れる程度の対策でも、大きな効果が得られたのです。

このような「検索エンジンをだます」だけの対策は、簡単で大きな効果をもたらしたため「裏ワザ」として浸透し、SEO対策の登場以来、一般的な方法となってきました。

■検索エンジンの存在価値をかけた「裏ワザ」との戦い

しかし、想像してみてください。カメラの選び方を知りたくて、「カメラ 選び方」とGoogleで検索したとき、カメラを売りつけるだけのWebサイトが上位に並んでいたら、Googleをまた利用しようと思うでしょうか。1度なら我慢するかもしれません。しかしそれが2度、3度と続いたら、もうGoogleを使うことはないでしょう。

検索エンジンの価値は、無数にあるWebサイトの中から最適なWebサイトを選び、利用者が望む情報を提示することにあり、それができなければ価値を失います。ですから、自分達をだまし、存在価値を危うくする「裏ワザ」を撲滅することは、検索エンジンにとって生き残りをかけた戦いであり、最重要課題なのです。

■技術の進歩と「裏ワザ」の撲滅

技術の進歩とともにさまざまなサイト評価基準の変更が行われ、現在、「裏ワザ」は急速に通用しなくなってきています。そしてこれからも、IT技術はものすごいスピードで進歩し、検索エンジンは存在価値をかけて「裏ワザ」対策を続けていきます。いずれ、今通用している数少ない「裏ワザ」も通用しなくなるでしょう。**SEO対策で人気を博した「裏ワザ」の時代は、まさに終焉を迎えようとしているのです。**

「質」時代の到来

「裏ワザ」が通用しないのなら、どうしたらよいのでしょうか？ それは、本質に立ち戻り、「検索エンジンのあるべき姿」を考え、検索エンジンの進む未来に沿った対策をすべきです。それが、もっとも有効で長い間効果を発揮する対策になります。そして、まだ「裏ワザ」に頼ろうとしている人が多い今なら、より大きな効果も期待できます。

■ SEO対策の「本質」とは？

SEO対策とは、検索エンジン（Search Engine）のルールに最適化（Optimization）したWebサイトを作ることです。検索エンジンの求める「独自性、価値、または魅力のあるサイト」を作ることこそが「最適化」であり、「裏ワザ」により検索エンジンをだますことは「最適化」ではありません。「裏ワザ」はいつか見抜かれますし、見抜けなければ検索エンジンに未来はないので、対策する必要もありません。

「本質」でないことは、いつか通用しなくなります。そして、それがSEO対策では、「今」起きています。本書は、そのような状況下でもっとも有効であるオリジナリティのある「質」の高いコンテンツを、専門的な技術や豊富な経験なしに作成できる方法論を提供するための本です。

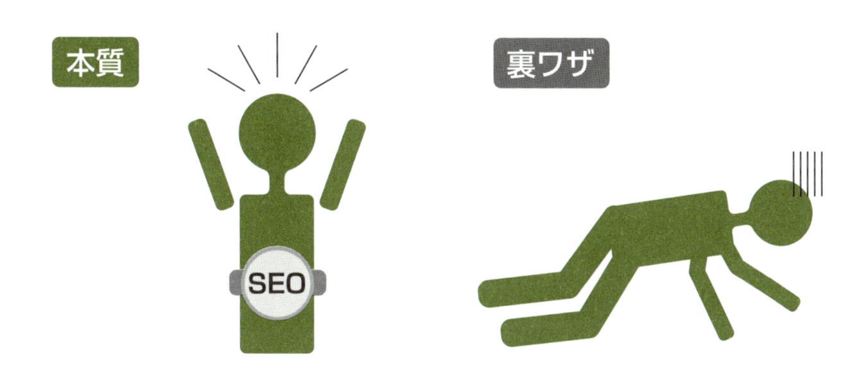

▲これからの SEO 対策で勝ち続けるには、本質に沿ったコンテンツが必要です。

POINT 「裏ワザ」の時代から「質」の時代へ

小手先のテクニックが通用しなくなってきた今だからこそ、本質を見極めることが大切です。本質に沿った対策こそ、もっとも有効で長い間効果を発揮します。

Section 06
変わり続けるSEO対策の進む未来

Category　SEO対策&Webライティング　**SEO対策**　Webライティング

ものすごいスピードで進歩するIT技術に支えられ、発展してきたWebの世界は、これからも今までのように劇的に変化していくでしょう。ここでは、より効果的なSEO対策を行うために、具体例を確認しながら、WebとSEO対策の進む未来を予想してみましょう。

ウェアラブル端末の登場がもたらすもの

2013年9月、SEO業界ではGoogleが新しいアルゴリズムとしてハミングバード（Hummingbird）を導入したことが話題になりました。このハミングバードは、自然言語による検索に対応するために導入され、今までのようなキーワードの羅列ではなく、「渋谷で飲み会をするのにおすすめのお店」のような、より自然で話し言葉に近い短文を用いた検索を実現するものです。

■ ハミングバードは来たるべきロボット時代の準備!?

ハミングバードは、GoogleやAppleといったIT企業が開発を進めているウェアラブル端末のために導入されました。Google GlassやApple Watchなどのウェアラブル端末には、キーボードやタッチパネルなどの入力インターフェースは搭載できないため、検索の指示などは音声で行います。そのため、**ウェアラブル端末には自然言語を正確に把握する技術が必要不可欠となります**。

そしてこの自然言語を正確に把握する技術は、鉄腕アトムやドラえもんのような、将来登場するかもしれない、人間と会話し自分で考える、人そっくりのロボットにも必須の技術でもあります。

▲ウェアラブル端末は、その名の通り身につけて持ち歩く情報端末のため小さい必要があり、細かい指示を与えるには主に音声入力を利用します。

■ 自然言語検索がもたらすSEO対策への影響

ウェアラブル端末に音声で指示をするときは、「渋谷 飲み会 おすすめ お店 どこ」ではなく、「渋谷で飲み会をするのにおすすめの場所を教えて」というのではないでしょうか。この場合、指示から検索キーワードを拾い出すだけでなく、文脈から「場所」が「公園」や「空き地」ではなく「お店」であることも理解しなければなりません。つまり、自然言語検索の実現は、文脈を理解する技術をもたらします。

その結果、**Webコンテンツは「キーワードの集合体」としてではなく、「意味を持った文章」として把握されていくようになるでしょう**。そうなれば、コンテンツ中のキーワードの出現率や分布の重要度は今よりもっと低くなり、コンテンツの内容がより重要になるでしょう。つまり、オリジナリティの高いコンテンツを作成するSEO対策が、より効果を発揮するようになるのです。

外部リンクの将来

ここでもう1つ、よりSEO対策に焦点を当てた話として、「外部リンク」の将来について触れておきます。外部リンクとは外部のWebサイトから張られたリンクのことで、これを利用したSEO対策は、非常に簡単な上に効果が高いため、多くの人が実行し、また、SEO業者のサービスにおいても、中心的な対策となっています。

■ 現在も確実にある、外部リンクのSEO効果

SEO業者の方と話すと、「外部リンクの効果はもうないよ」という方によく出会いますが、**2014年9月の時点でも、間違いなく外部リンクのSEO効果はあります**。それを確認するために、Google で「18歳未満」もしくは「デスブログ」という言葉を検索してみてください。どのようなサイトが1番に表示されると思いますか？

なんと、「18歳未満」ではYahoo!JAPANが、「デスブログ」では、とある女性芸能人のブログが1番に表示されます。しかし、このどちらのサイトにも、「18歳未満」や「デスブログ」というキーワードは掲載されていませんし、関連するコンテンツもありません。では、なぜ1番に表示されるのでしょうか？

「18歳以上」に指定されているWebサイトでは、法令に従って年齢確認をし、「18歳未満」の人を退出させなければなりません。実は、この18歳未満の人の退出先として、多くの場合Yahoo!JAPANが指定されています。その結果、意図せず集まった多量の外部リンクの効果で、Yahoo!JAPANは「18歳未満」というキーワードの検索結果において、1番に表示されるのです。そして、同様のことが「デスブログ」にもいえ、こ

れらは外部リンクのSEO効果が今も十分にあることを雄弁に語っています。

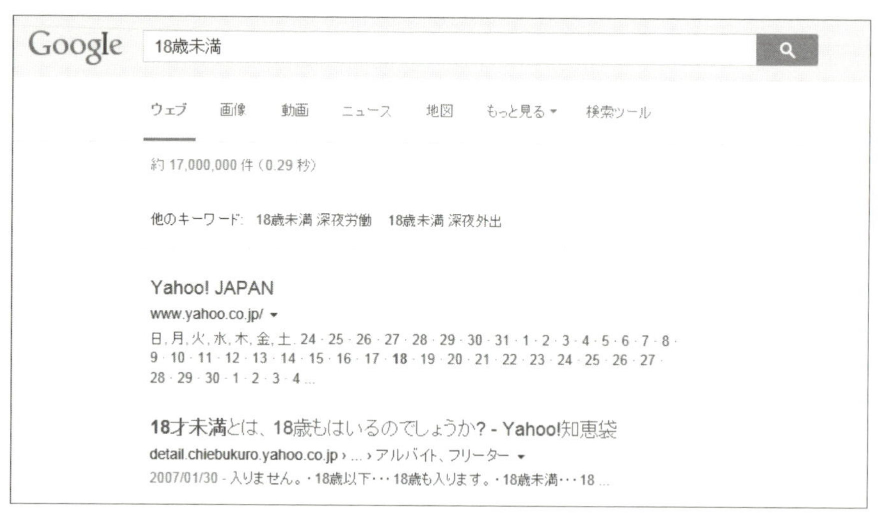

▲ Googleで「18歳未満」を検索した結果です。検索結果1位にYahoo!JAPANが表示されています。

■将来、外部リンクは効果を失う!?

　このように現在も大きな効果を発揮する外部リンクですが、2014年5月5日、Googleのウェブスパムチーム・品質管理チームの責任者であるMatt Cutts氏が、「コンテンツを書いた人を重視し、集めているリンクの数はあまり重視しない方向に変更していくだろう」(http://www.youtube.com/watch?v=iC5FDzUhOP4)という内容の発言をしたことが、大きな話題となりました。

　この取り組みは技術やコストの面から中止されたようですが、外部リンクが多くのSEO業者に利用され、価値のないコンテンツの表示順位を押し上げる要因になっていることをふまえると、検索エンジンは何らかの方法で外部リンクの効果を弱める対策を続けていくと予想されます。**これまでずっと、もっとも主流の手法であった外部リンクでさえ効果を弱められ失われていきますので、これからのSEO対策では技巧的な施策の効果は低下し、コンテンツの「質」がより重要になっていくでしょう。**

POINT　将来的には「質」がより重要になる

技術の進歩により、よりコンテンツの「質」が重視されることが予想されます。その兆しは、すでにさまざまなところで見受けられます。

外部リンクはピカソの絵を評価するための指標！？

外部リンクはSEO対策で大きな効果を発揮するため、多くの業者が利用し、検索エンジンはその対策に追われています。では、なぜ検索エンジンは外部リンクを評価対象から外さないのでしょうか？ その答えは、「ピカソの絵」にあります。

■ システムでは評価しにくい、ピカソの絵

皆さんも、クリスチャン・ラッセンとパブロ・ピカソをご存知と思います。どちらも多くのファンを持つ素晴らしい画家ですが、非常に細かくイルカやクジラなどを描くラッセンの絵は、線や細部に渡る丁寧さ、被写体の再現性、構成、そして配色などの要素を数値化した公式を作れば、コンピュータでも評価できます。しかし、抽象的で変幻自在なピカソの絵を評価する公式は作れません。

■ 点数が低くても、素晴らしいものは素晴らしい

同じことがWebコンテンツを評価する際にも起きます。コンテンツ量やキーワードの使われ方、構成、情報の鮮度などを数値化することで、多くのコンテンツは評価できます。しかし、それだけではピカソの絵のような個別の要素ではなく、全体として素晴らしいコンテンツや非常に特殊な技術を利用したコンテンツを評価できません。

これを解決しているのが、外部リンクです。Webの世界では、面白かったり参考にしたりしたコンテンツを紹介する際には、参照元にリンクを張ります。つまり、他サイトから多くのリンクが張られているということは、何かしらの「人気を集めている」といえます。検索エンジンはこの関係に注目し、張られているリンクの数を「人気投票の票数」と見立て、ピカソの絵のようなコンテンツを評価する指標にしているのです。

Section 07 SEO対策に効くWebコンテンツ作成方針

Category SEO対策&Webライティング / SEO対策 / **Webライティング**

ここまで、SEO対策の基礎から現在の状況、そしてその将来の展望までを解説してきました。そして、次からはWebライティングの全体的な解説に移りますが、その前に1度、ここでSEO対策に効くコンテンツ作成のための方針をまとめておきます。

ダマすのではなく効果的に伝える

これまで触れたように、2000年代後半から検索エンジンの技術は飛躍的に高くなってきており、初期に効果の高かった「裏ワザ」的な手法はほとんど通用しなくなってきています。そしてこの傾向は、これまでのIT技術やWeb世界の進歩の速さを考えると、停滞することなく続いていくでしょう。

ですから、**多少の効果があったとしても、検索エンジンをだまし検索順位を上げようとする行為は、長い目で見ると非常に効率の悪い方法といえます**。検索エンジンが何を求めているのか「本質」を考え、それに沿った長く評価されるであろうコンテンツを作成し、そのことをより早く、より効果的に検索エンジンに伝えることが重要になります。

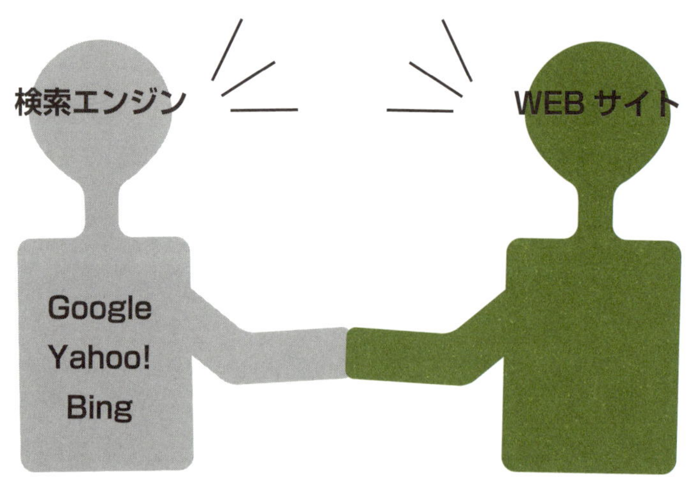

▲検索エンジンは決して敵ではありません。「ダマす」のではなく「効果的に伝え」仲良くつき合っていくことが、これからの SEO 対策には求められています。

基本はコンテンツのオリジナリティ

Googleの「品質に関するガイドライン」によると、「どうすれば自分のウェブサイトが独自性、価値、または魅力のあるサイトといえるようになるかを考えてみる。同分野の他のサイトとの差別化を図ります。」(https://support.google.com/webmasters/answer/35769) と、推奨されています。このように、検索エンジンは「オリジナリティ」の高いコンテンツを求めているのです。

検索エンジンは、無数にあるWebサイトの中から最適なWebサイトを選び、利用者が望む情報を提示するサービスです。ですから、**利用者に提示する選択肢が増え、より細かなニーズに対応できるようになることは望んでいますが、似たような情報ばかりが増え、選択肢は増えないのに管理コストだけが増えることは望んでいません。**検索エンジンを提供するのも営利企業です。より低いコストでより質の高いサービスを提供できることを望み、それを実現してくれるパートナーを優遇するのは当たり前です。そしてその鍵となるのが「利用者に提示する選択肢を増やすこと」、つまり「オリジナリティの高いコンテンツを作成すること」なのです。

■ より効果を発揮するWebコンテンツを作る

これからの最善の方針は、オリジナリティの高いコンテンツを作成することです。そしてその際、SEO対策のための諸作業に加え、以下の3点に注意することで、より大きな成果を上げるWebコンテンツを作成できます。本書では、第2章以降の実際のWebライティング作業の中で、これらの具体的な方法を解説していきます。

- 話題になっており、一過性でないテーマ　(企画)
- 利用者に目的の行動を行わせる文章構成　(執筆)
- 理解しやすく、よりインパクトのある形式　(編集／校正／キャッチコピー)

効果的に伝えるための、文法と対策

高いオリジナリティのWebコンテンツが作成できれば、SEO対策は基本的に終了しています。しかし、技術が飛躍的に向上したとはいえ、まだ検索エンジンの技術も完璧ではありません。良いコンテンツを作成したことを検索エンジンに効果的に伝えるための、最低限の文法と対策が必要になります。

■ 適切に伝えるためには、努力が必要

検索エンジンは、ときには人力チェックも交えることで、違反行為をかなりの高い精度で判別できるようになってきています。しかし、評価の面ではまだまだ抜け漏れがあり、正当に評価してもらえない場合があります。Web上に無数にあるコンテンツの中から、できたばかりのコンテンツを見つけ出すにはある程度以上の時間がかかりますし、また、単語がスペースで区切られる英語圏で生まれた検索エンジンサービスには、すべての単語が隙間なく続き、動詞や形容詞、形容動詞などがさまざまな活用変化をする日本語を理解するのはなかなか難しい面もあります。そして、Googleは「デザインとコンテンツに関するガイドライン」の中で、現状では画像の内容を正確に把握できる状況ではないことも示唆しています。

使い慣れた日本語を使って友人や家族、パートナーと話をしていても、自分の意図や気持ちを100%伝えることは難しく、すれ違いは頻繁に起こります。それが、**まったく慣れないWebの言語で、まだ抜け漏れがあるシステムを相手に、内容を伝えなくてはならないのです。いくら良いコンテンツを作成したとしても、正確に伝えるために、最低限の文法の理解と伝える努力が大切になるのは理解にかたくないでしょう。**

■ 最低限の文法と対策とは?

Web上に無数にあるコンテンツの増減を瞬時に把握することは、最先端の技術を有する検索エンジンでも難しいため、新規に作成したWebサイトやコンテンツの情報を聞いてくれる窓口が用意されています。**このような窓口の存在を知り、適時情報を伝えていくことや、検索エンジンに正確に情報が伝わるよう、適切なキーワードを選び反映することは、作成したWebサイトを生かすために最低限必要な対策です。**

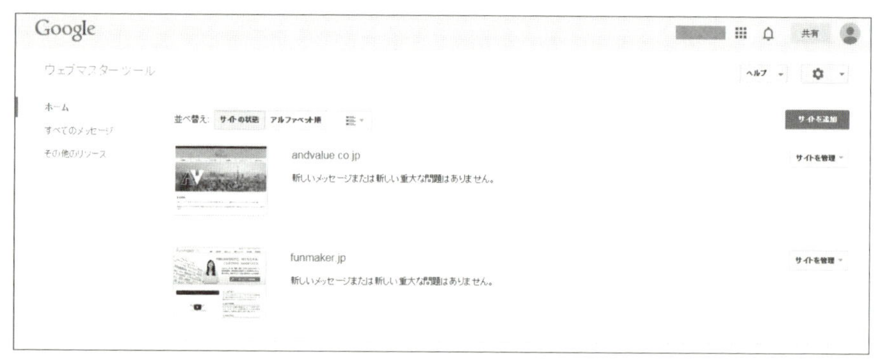

▲GoogleがWebサイト管理者をサポートするために提供する無料ツール「Google ウェブマスター ツール」のホーム画面です。Googleへ活動を知らせるための窓口としての機能も果たします。

本書におけるSEO対策方針と進め方

本書は、ノウハウ化が難しくなかなか実現しなかった、「高いオリジナリティ」と「検索エンジンからの高い評価」を実現したWebコンテンツの作成方法を体系化し、誰でも効果の高いWebサイトが作成できるようにすることを目的とした書籍です。

■ 本書の構成

本書は以下の構成で、SEO対策に有効で効果の高いWebライティングの方法を解説し、高い成果を上げるWebサイトを実現します。

第２章：Web を効果的に利用することで、多くの人が話題にしているテーマを選択し、それをオリジナリティが高く伝わりやすいコンテンツにするための文章の型と、利用者に目的の行動をさせる効果的な３つのストーリータイプを解説します。

第３章：第２章で作成した概略に、検索エンジンに効率的に内容が伝わるようにキーワードを反映するとともに、理解しやすくインパクトがある形にまとめることで、SEO 対策の効いたアクション率の高い Web コンテンツに仕上げます。

第４章：SEO 効果を発揮するだけでなく、利用者の注意をひき、興味を持たせ、行動を起こさせるキャッチコピーの作成方法を、効果の高い３つの訴求ポイントとその 17 の実践法に分けて解説し、コンテンツの効果を高めます。

第５章：作成した Web コンテンツの効果を数値で把握し、その値から問題点を見つけ、改善する方法を、ツールによるデータの取得方法からデータの見方、改善ポイントまで解説し、より高い効果が上がるようにします。

第６章：ランディングページやサポートページなどのページの目的や、コーポレートサイトやショップサイト、アフィリエイトサイトなど、サイトの目的に応じたポイントを整理し、目的に合ったより効果の高い Web コンテンツが作成できるようにします。

第７～９章：Web ライティング、SEO 対策、Web サイトの運用・管理に便利な無料ツールを紹介し、より効果の高い Web サイトをより効率的に作成・運用・管理できるようにします。

POINT 「質」の高いコンテンツを作成し、効果的に伝える

「オリジナリティの高いコンテンツ」を作成し、「検索エンジンに効果的に伝える」ことが、長い間高い効果を発揮するSEO対策です。

Section 08

知っておきたいWebコンテンツの特徴

Category SEO対策&Webライティング SEO対策 Webライティング

ここまではSEO対策の解説をしてきましたが、ここからはWebライティングをする上で必ず知っておきたいポイントを解説します。まずは、本や新聞などの紙媒体とWebコンテンツの違いを確認し、その違いから生じる作成時の注意点を確認しましょう。

利用のされ方による特徴

1ページごとに独立して閲覧される

検索エンジンの普及により、多くの人が特定のWebサイトではなく、目的に合ったページを直接訪れるようになったため、Webサイトは、本のように巻頭から順番に読まれず、すべてのページがスタートページになる可能性があります。

そのため、ホームから順番に続くストーリーや、ほかのページとセットで提供されるコンテンツは、こちらの意図しないページから読み始めた人にとって、まったく理解できないコンテンツとなってしまいます。ですから、**Webコンテンツを作成するときは、基本的に各ページで内容が完結し、そのページ内で利用者に目的の行動を完結してもらうように設計する必要があります。**

相手が見えない状況で利用される

Webコンテンツは相手が見えない状況で利用されるため、多くの人が何かしらの不安を感じながら利用しています。

ですから、Webサイトを作成するときは信頼を大切にし、Webサイトの作成者の写真を掲載したり、問い合わせフォームなどコンタクトできる窓口を設置したり、第三者の意見を掲載したりと、**常に信頼してもらうために努力し続けることが大切です。**

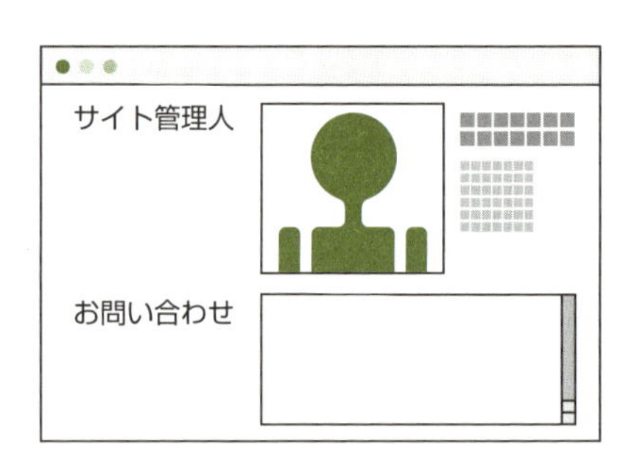

▲悪意あるWebサイトと間違えられないように、相手に信頼感を与えるWebサイトを作成しましょう。

■利用環境によって表示が変わる

Webコンテンツは、利用環境によって表示が大きく変わることも大きな特徴です。本や新聞などの紙媒体なら、すでにこちらの意図通りに印刷されているので問題になりませんが、Webコンテンツはパソコンで見られるのか、タブレットで見られるのか、それともスマートフォンか……と、見る機器の違いだけでなく、製造するメーカー、OSの種類やバージョン、ブラウザ、設定などさまざまな要素によってその表示が変化します。

自分の利用している環境で最高のレイアウトを実現したとしても、ほかの環境で利用する人にとっては非常に使いにくいレイアウトになっていることはよくあることです。**Webコンテンツを作成する際には、あまりレイアウトに頼った構成にしないこと、そしてできるだけ多くの環境で確認しながら作成するようにしましょう。**少なくとも、パソコンとスマートフォンそれぞれで表示を確認するとともに、ブラウザとしてはInternet Explorerともう1つ、ChromeやFirefoxなどのブラウザでも表示を確認することをお勧めします。

▲スマートフォンの登場以降、インターネットの利用環境はものすごい勢いで多様化してきました。そして、ウェアラブル端末などの登場が見込まれる将来、その多様化はより進んでいくでしょう。

外部コンテンツとのつながりによる特徴

■リンクによってコンテンツ間を行き来する

Webコンテンツは、サイト内でもサイト外でも、リンクを利用することで自由にほかのコンテンツと関連づけられ、利用者は用意されたリンクをたどることで、簡単に関連情報を確認できます。

そもそもWebとは、インターネット上で提供される複数の文書（テキスト）を相互に関連づけ、結びつけるシステムのことを指す言葉です。文書を相互に関連づける役割を果たすハイパーリンク（リンク）は、Webの最大の特徴となります。この最大の特徴を生かし、**リンクを有効に利用できるか否かで、Webサイトの利便性は大きく変わります。**

■ 他サイトの情報と比較される

前項の「リンクによる関連づけ」と関係する話ですが、Webサイトはリンクをたどったり検索結果を利用したりすることで、常に内容を他サイトと比較されることも大きな特徴の1つです。

普段私たちがWebで何か調べものをするとき、1つのサイトの情報だけで結論を出すことはないでしょう。また、知識を提供するサイトは情報収集だけに利用し、購入は価格比較サイトでするという使い分けをしている方も多いのではないでしょうか。このように、**Web上のコンテンツは絶えず行き来され、比較されるので、常に利用者を流出させず自分のサイト内でアクションを完結させる工夫が必要です**。そのためには、競合サイトの確認と、比較された際の対策が大切になります。

■ Web上の他サービスと連携できる

外部サービスを利用したり連携したりすることで、Webサービスの利便性は大きく上がります。**自分では簡単には作れない機能や提供できないサービスも、他サービスを利用することで簡単に提供できるようになります**。

例えば、SEO対策による検索エンジンを利用した集客だけでなく、FacebookやTwitterなどのSNSを利用した情報の拡散はもちろん、YouTubeの動画やGoogleマップの地図を表示することも外部サービスとの連携の良い例です。

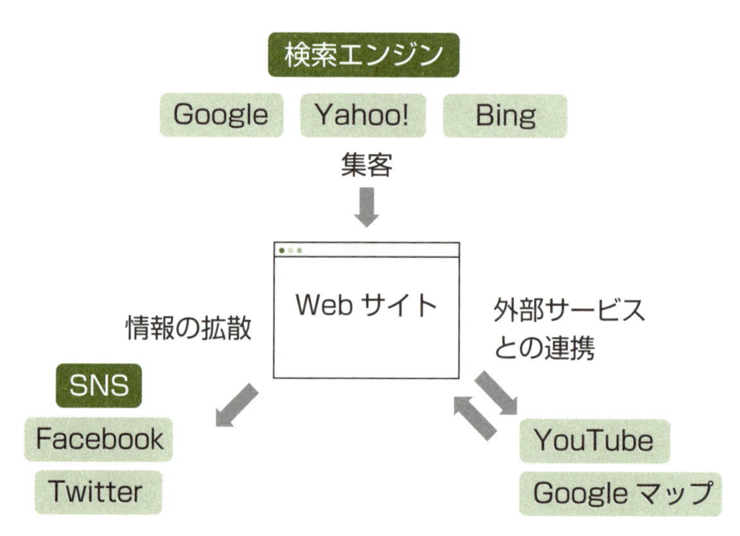

▲ Web上にあるさまざまなサービスやシステムを上手に利用できれば、Webサイトの効果や質を大きく上げられます。

デジタルデータによる特徴

■ さまざまなデータで多様な表現ができる

Webコンテンツは画像や動画、音声データなど、さまざまな形式のデータを扱えるので、非常に多様な表現が可能です。

「百聞は一見に如かず」というように、**どんなに雄弁に語る文章より、1枚の写真、1本の動画のほうが圧倒的に説得力があることも多いので、状況に応じ、最適な表現方法を選択しましょう。**

■ 公開後も簡単に追加修正できる

Webコンテンツの修正は、非常に簡単です。これは本などの紙メディアとは比較になりません。Webコンテンツは、公開したあとでもすぐに修正ができます。

この特徴を生かし、**できるだけ早くリリースし、利用者の反応を確認しながら完成形を目指す方法が、Webコンテンツでは少ないコストで早く成果を上げるポイントとなります。**また早めにリリースすることは、SEO対策の弱点の1つ、「効果が出るまでに一定の時間が必要」となる即効性の低さを解消する手段にもなります（Sec.04参照）。

■ データの収集や処理が簡単にできる

当たり前と思われるかもしれませんが、すべてのデータがデジタルデータとして利用可能なことも、Webコンテンツの大きな特徴の1つです。

目で行うと大変な校正作業が簡単にできたり、利用者の行動分析も簡単に行えたりと、**効率的に精度の高い作業ができることもWebの大きなメリットです。**

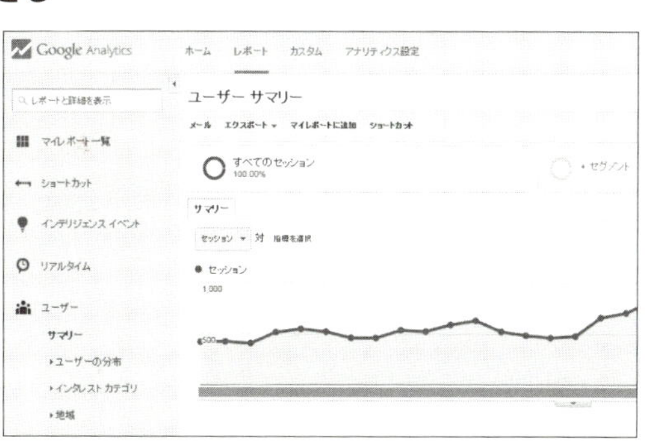

▲Googleが提供する無料アクセス解析ツール「Googleアナリティクス」のサマリー画面です。Webコンテンツへの訪問者が利用している環境やその特性などを、簡単に調査できます。

POINT　Webの特徴を知り、対応することが重要

Webには Web特有のさまざまな特徴があります。個々の特徴を理解し、しっかりと対応することが、効果の高いコンテンツ作りには重要です。

Section 09

Webライティングの2つのゴール

Category SEO対策&Webライティング / SEO対策 / Webライティング

本書は、SEO対策の効いたWebコンテンツの作成を目的とした書籍のため、SEO対策を中心に話を進めてきましたが、WebライティングにはSEO対策のほかにもう1つ別のゴールがあります。ここであらためて、Webライティングのゴールを確認しましょう。

集客とアクション誘導

何事も目標となるゴールをしっかりと意識しなければ、望んだ成果は得られません。また、「何のために行うのか」ということを明確にしなければ、「何をすべきか」もわかりません。では、Webコンテンツを作成する際のゴールとは何なのでしょうか。それは、以下の2つです。

- 利用者を集める
- 目的のアクションを誘導する

■ 利用者を集める

どんな目的で作成されようと、まずは作成したWebコンテンツを見てもらわないと何も始まりません。Web以外の世界では、どんなに頑張ってパンフレットやパッケージを作成しても、それを何かしらの方法で利用者に知らせなくてはなりません。しかし、Webの世界では、SEO対策によって検索エンジンの上位にコンテンツを表示できれば、自然に利用者が集まります。

このWebの大きな利点を生かし、**SEO対策の効いたコンテンツを作成し利用者を集めることが、Webライティングの1つ目のゴールとなります。**

■ 目的のアクションを誘導する

Webコンテンツにどんなに人が来ても、そのまま何もせずに帰られてしまったら意味がありません。**利用者にしっかりと伝えたい情報を届け、こちらが意図する目的の行動を行ってもらうことが、Webライティングの2つ目のゴールとなります。**

2つのゴールの間にあるトレードオフ

Googleの「デザインとコンテンツに関するガイドライン」(https://support.google.com/webmasters/answer/35769)を確認してみましょう。

このガイドラインにあるように、SEO対策では文字(テキスト)などのデータが重要になり、レイアウトや画像などの見た目はほとんど効果を発揮しません。一方、利用者に目的の行動をさせるには、画像や動画、コンテンツ配置などの見た目が重要になります。

つまり、**「SEO対策」と「アクション誘導対策」の関係はトレードオフに近く、予算や目的をふまえ、バランスを見ながら効果が最大化するポイントを探す必要があります。**

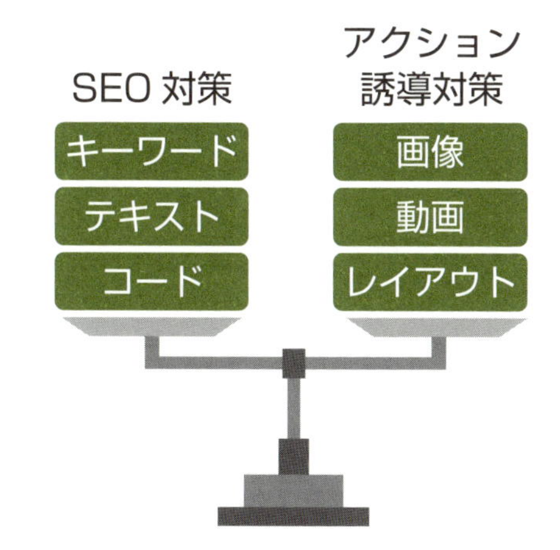

▲ SEO 対策とアクション誘導対策はトレードオフの関係にあります。

■ 本書の方針

一般的に、SEO対策を優先したほうがアクション誘導対策を優先した場合より高い成果が上がる傾向にあるため、**本書ではSEO対策を中心にし、見た目の部分は主にコラムや補足に回しています。**

事実、見た目は好みによって左右される面が大きく、プロが手掛けても成果が数倍になることは稀ですが、SEO対策をほどこせば、訪問者0のサイトに月に3万人以上の人が来るようになることもよくあります。また、まずは効果が出るまでに時間のかかるSEO対策を行い、人が来てから、訪問者のデータを確認しつつ見た目を調整していった方が効率的であり、成果もより早く出るため、本書ではこのような構成をとっています。

POINT 集客とアクション誘導がWebライティングのゴール

Webライティングは人を集め、目的の行動をしてもらうために行うが、それぞれの関係はトレードオフ。実行時には、目的に合わせたバランス感覚が重要です。

Section 10

無料ツールで一段上のライティング作業

Category SEO対策&Webライティング SEO対策 **Webライティング**

Webは情報の宝庫であり、またWebコンテンツはデータ処理がしやすい長所があります。本書ではその長所を生かすために、プロの現場でも使われるさまざまな無料ツールを紹介し、皆さんがコストを抑え、より効率的に質の高い作業ができるようにします。

大企業にも負けない情報収集ができる

「オリジナリティのあるコンテンツ」を作成するためには、独自の理論を立てたり、ほかにない情報を手に入れたりする必要があります。しかし独自の理論は一朝一夕には立てられませんし、ほかにない情報を手に入れるには大きなコストがかかるため、個人ではなかなかできません。それでは、これからのWebの世界で成功できるのは、一握りの選ばれた人間や大企業だけなのでしょうか。

そんなことはありません。**Webで公開されている便利なツールを使えば、Webにある膨大な情報の中から多くの人が話題にしており、長くニーズが見込まれるテーマを簡単に選ぶことができます**。コストをかけずに、効率的に情報を収集する方法が身につけば、「オリジナリティの高いコンテンツ」を簡単に作成できるようになります。

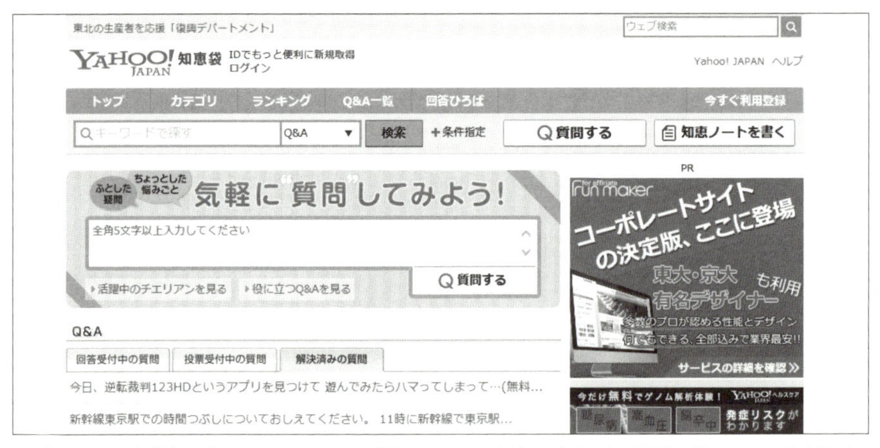

▲「Yahoo! 知恵袋」などのQ&Aサイトは、話題に上っている情報や多くの人が疑問に思っていることを調べる際に便利な情報源となります。

デジタルならではの大幅な効率化ができる

Webコンテンツがデジタルデータからできていることを生かし、さまざまな作業を効率化してくれる無料ツールも、解説を行う中で紹介していきます。誤字や脱字、誤用などをチェックできるツール、コンテンツ中のキーワード出現率を計測するツール、競合のチェックや検索順位の一括チェックツールなど、**Webコンテンツの作成やWebサイトの管理を効率化してくれる無料ツールで、より効率的で精度の高い作業を実現できます。**

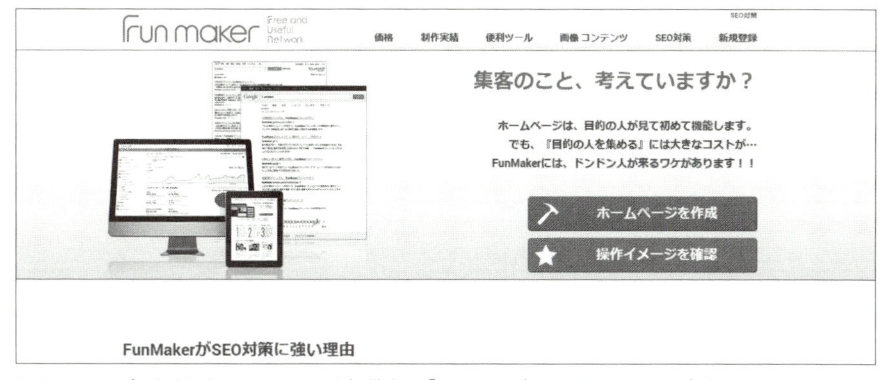

▲ホームページを安く作成できるシステムを提供する「FunMaker」の SEO 対策ページ（http://funmaker.jp/seo/）では、キーワード出現率チェックツールや競合チェックツールをはじめ、さまざまな SEO 対策ツールが無料で提供されています。

イメージではなく数値で確認できる

学生時代、経済学部のマーケティング論で、セブンイレブンの躍進の影にPOSシステムがあることを聞き、そのコストと労力を想像して遠い世界の話と受け止めていました。しかし**Webの世界では、それ以上に詳細で正確なデータを、個人でもコストをかけず簡単に手に入れることができます**。本書では、Webコンテンツの作成や運営時に役立つデータを取得し分析する方法を、無料ツールとともに紹介します。

POINT　Webは、便利な無料ツールの宝庫

プロは無料ツールを上手に活用し、コストをかけずに質の高い作業を行います。便利な無料ツールを知り、活用できるようになれば、作業の質と効率が上がります。

検索エンジンの理想郷に SEO 対策は存在しない！？

検索エンジンは、誕生からずっと利用者が求めている情報を、より早くより正確に提供するシステムの構築に腐心し、一方でWeb関係者は、サイトが検索結果の上位に表示されるよう、検索エンジンのシステムを分析し、対策してきました。

検索エンジンが登場したばかりの技術がまだまだ未熟だった頃、両者の関係はWeb関係者に有利で、多く存在するシステムの穴をつき、検索エンジンの意図に沿わないWebサイトさえも検索結果の上位に表示させてきました。しかし、検索エンジンの技術は日々進歩し、不正行為は高い精度で見抜かれ、検索結果には適切に、「価値」が反映されるようになってきています。

■ 検索エンジンの理想と現状

ではこの先の世界はどのようなものになるでしょうか。検索エンジンはあくまで、「利用者にとって価値のある情報を適切に提示したい」だけです。つまり、Webサイトの構造が素晴らしいとか、コードが正しいとか、最新の技術が使われているとか、それ自体は検索エンジンにとってどうでも良いことなのです。

しかし現時点では、サーバの情報処理速度やインターネットの回線速度の制約により、作りが悪ければWebコンテンツが表示されるまでに時間がかかり、利用者にストレスを与えることもあります。また、構造がおかしかったりコードが正しくなければ、検索エンジンも正確に内容を把握できず、適切な評価ができません。

■ 来たるべき検索エンジンの理想郷

将来、IT技術やインフラの進歩により処理速度や回線速度が向上し、表示速度によるストレスの問題が解消されるときが来るでしょう。また、検索エンジンの技術が向上すればおかしな構造、滅茶苦茶なコードでも正確に情報を収集できるようになるでしょう。検索エンジンは、より正確に、そして外部の人間に操作されない強い評価基準で、Webサイトを適切に評価することを目指しています。その「検索エンジンの理想郷」で残る評価対象は、コンテンツの価値、つまり「オリジナリティ」だけになるでしょう。しかし、これは、まだ少し先の話です…。

実践!
コンテンツライティング

Section 11

Webライティングの流れをチェックする

Category 作業概要 企画 執筆

本章から、実際にWebライティングの作業を行います。その前に、これから行う作業の全体像を確認しましょう。各作業において、何を何のために行っているか理解することは、作業の質を大きく上げることにつながるとても大切なことです。

Webライティング作業の流れ

Webライティングの作業も、基本的に本などの紙メディアと同じ流れで作成します。

1. **企画**：コンテンツの方針を決め、必要な情報を収集する
2. **執筆**：企画で決めた方針に従い、実際に文章を作成する
3. **編集**：作成した原案を集客力のある読みやすい文章にする
4. **校正**：間違いや禁止表現をなくし、公開できる状態にする

■ 企画

どんなに良いコンテンツでも、扱っているテーマにニーズがなければ成果は期待できません。企画では、しっかりと目的の成果を上げるために、**ニーズのあるテーマを選び、SEO対策のためのキーワードを決め、話題になっているトピックスの情報を収集します。**

■ 執筆

企画で決めた方針や情報をもとに、実際に文章を作成するのが執筆です。**伝わりやすい文章構造を利用し、より刺さるストーリータイプを選んであらすじを作成したら、表現や表記が乱れないように気をつけつつ、肉づけをしていきます。**SEO対策や読みやすさの観点から、文章量にも適切な量があるので注意が必要です。

■ 編集

一気に作成したコンテンツをより読みやすく、魅力的なコンテンツにするのが編集です。**読みやすくするのはもちろん、画像を追加したりレイアウトを調整したりして、アクション率が高まるようにします。また、SEO対策のための作業も行います。**

■ 校正

表記の間違いや利用すべきでない表現などをチェックし、リリースできる状態にするのが校正です。同時にキーワードの最終調整も行い、しっかりとSEO対策が効くようにもします。さまざまな便利ツールを使えば、作業を効率化できます。また、巻末の「補足」で、注意すべき表現や文字化けしない文字などを紹介しているので、そちらも合わせてご利用ください。

▲ニーズのないテーマでWebコンテンツを作成しても、それは水たまりで魚を釣ろうとしているのと同じです。目的の成果を上げるには、しっかりとニーズがあるテーマを選ぶことが大切です。

「実践」作業の位置づけ

第2章と第3章では理解をより深めるために、解説した方法論を利用して実際にコンテンツを作成していく「実践」も掲載しています。その実践では、以下の条件でコンテンツを作成していきます。

目的：不動産屋が提供する、物件紹介への誘導文

条件：同じ情報から、特徴の違う不動産屋それぞれの誘導文を作る

A 不動産：多くの優良物件を所有する大手の不動産屋

B 不動産：特徴はあるが欠点も多い物件しかない中小規模の不動産屋

文章量：300 ～ 400 文字の間

SEO対策と読みやすさの観点からは、文章量は800 ～ 1,800文字の間が良いのですが、紙面の制約上、今回は300 ～ 400文字の間とします。

POINT　Webライティングも作業の流れは紙媒体と同じ

Webライティングも企画、執筆、編集、校正の流れで作業します。ただし、それぞれにWeb特有の方法や注意点があるので、それらを理解することが重要です。

Section 12
コンテンツの成否を決める「企画」

Category 作業概要 企画 執筆

Webライティングの最初の作業、コンテンツを作成するための計画を立てるのがこの「企画」です。ニーズやトレンドからテーマを決め、対策するキーワードを選定し、情報を集める企画は、コンテンツの完成度を決める大事な作業です。

コンテンツの方針を決める6ステップ

本書では、企画を以下の6つのステップに分けて解説します。

STEP1. 検索件数をチェックしてニーズを確認する
STEP2. 将来性からテーマを絞り込む
STEP3. アクションにつながるキーワードを作成する
STEP4. 競合をチェックして勝てるキーワードか確認する
STEP5. 人気トピックスとターゲットを明確化する
STEP6. 情報の裏づけと関連する情報を収集する

■ STEP1. 検索件数をチェックしてニーズを確認する →Sec.14

多くの人に見てもらい、より多くのアクションを起こしてもらいたいのなら、ニーズのあるテーマを選ぶことが大切です。そのニーズを確認する手段として、検索エンジンにおける検索件数を利用し、より多くの人が求めているテーマを洗い出します。

■ STEP2. 将来性からテーマを絞り込む →Sec.15

検索件数によって洗い出したテーマの候補の中で、将来に渡ってニーズのあるテーマを絞り込む作業です。洗い出したテーマの経時的なニーズの変化を確認し、将来に渡って効果を上げ続けるテーマを選定します。

■ STEP3. アクションにつながるキーワードを作成する →Sec.16

テーマが決まったら、そのテーマの中で、対策をすべきキーワードを選定します。キーワードとは、検索エンジンで検索する際に入力される単語のことです。SEO対策では、

より多くの人が利用し、アクションにつながりやすいキーワードを選べるか否かで、その成果が大きく変わります。

■ STEP4. 競合をチェックして勝てるキーワードか確認する

→ Sec.17

キーワードの選定では、競合相手に勝てるか否かも重要な要素になります。どんなにニーズと将来性があるテーマで、アクション率の高い利用者を集客するキーワードを選択できたとしても、争う相手が強すぎてはなかなか成果は出ません。どんなに魚がいるポイントでも、周囲にプロの釣り師がひしめいていてはなかなか魚は釣れないのです。

■ STEP5. 人気トピックスとターゲットを明確化する

→ Sec.18

ニーズのあるテーマ、アクション率が高く勝てるキーワードを選んだら、今度はコンテンツの内容を決めます。人気の観光地である北海道でカニのコンテンツを作成したとしても、それがカニの生態や分類の話では人気は出ないでしょう。安くておいしいカニのお店や穴場情報など、**より多くの人が話題にしている内容を扱って初めて、人気のコンテンツとなるのです。**

■ STEP6. 情報の裏づけと関連する情報を収集する

→ Sec.19

「竜馬がゆく」や「坂の上の雲」などで有名な作家の司馬遼太郎さんが、1つの物語を書くのにものすごい情報収集をしていたことは有名な話です。**コンテンツのできも同じく、情報収集をどれだけしたかで決まってきます。**さまざまな情報源を効率的に利用し、より正確でより豊富な情報をもとに、コンテンツを作成します。

▲豊富な情報をもとに作成されたコンテンツは非常に厚みがあり、多くの読者の支持を得られます。情報に敏感になり、常にさまざまなメディアから情報を集める習慣をつけましょう。

POINT　企画を疎かにしたコンテンツは砂上の楼閣

企画はWebライティングの最初の作業であり、以降のすべての作業の土台となります。そのため、企画の完成度でコンテンツの成果は大きく変わります。

Section 13

SEO対策の「カギ」はキーワードと検索件数

Category 作業概要／企画／執筆

水たまりに糸を垂らしていても、魚は釣れません。魚釣りは、魚がいる池を選ぶことから始まります。どんなに素晴らしい文章でも、ニーズのないテーマでは誰も読んでくれません。成功への第一歩は、ニーズのあるテーマを選ぶことです。

Webでのニーズは検索件数から知れ!

テーマとキーワードの選定は、Sec.12のSTEP1 ～ 4に該当します。しかし、「ニーズのあるテーマを選定する」と簡単にいっても、何を基準に選定したら良いのでしょうか？　その際に参考にするのが、キーワードの検索件数です。

■ キーワードとは

キーワードとは、検索エンジンで検索する際に入力される単語のことです。例えば、東京駅の住所を調べるとき、検索ボックスに「東京駅 住所」と入力しますが、この「東京駅」と「住所」がキーワードに当たります。このキーワードを利用して検索された回数を「検索件数」と呼び、同じ意味でもキーワードにより値は大きく異なります。

ーム　キャンペーン　最適化　運用ツール

宣伝する商品やサービス

住宅, 住まい, 住処, 住居　候補を取得　検索条件を変更

広告グループ候補　キーワード候補　ダウンロード　すべて追加(535)

検索語句	月間平均検索ボリューム	競合性	推奨入札単価	広告インプレッションシェア	プランに追加
住宅	12,100	高	¥392	0%	»
住まい	2,400	高	¥269	0%	»
住居	1,000	中	¥481	0%	»
住処	590	低	-	0%	»

4個のキーワード中1～4個を表示

▲同じ意味の言葉でも、表記によって検索件数に大きな差が出ます。

■ コンテンツ作成と検索件数

Webコンテンツを作成する際、検索件数は以下の2点を決めるために利用します。

テーマの選定： 作成するコンテンツのテーマを決める
キーワードの選定： コンテンツで強化するキーワードを決める

あるキーワードにおいて検索件数が多いということは、そのキーワードに関連した事象に多くの人が興味や疑問を持っており、「ニーズがある」ということです。 つまり、検索件数の多いキーワードに関連したコンテンツを作成すれば、多くの人が見てくれる可能性があるということです。

ただし、キーワードに関連したコンテンツを作成しただけでは、対象のキーワードで検索結果の上位に表示されるとは限りません。検索件数のより多いキーワードを選び、そのキーワードをコンテンツの中で上手に利用する必要があります。

キーワードの扱いには細心の注意を

同じ意味でも、キーワードが異なると検索件数が異なることはすでに触れましたが、キーワードは表記の違いでも検索件数は変わってきます。

検索語句		月間平均検索ボリューム ?	競合性
一戸建て		12,100	高
一戸建		260	高

◀「一戸建て」と「一戸建」のGoogleでの検索件数。表記が異なるだけで、検索件数は47倍近く異なります。

日本語には、平仮名や片仮名、そして漢字があり、送り仮名に関しては複数の表記が許されているものもありますが、どの表記を選ぶかによっても、コンテンツの集客力は変わります（P.59 Column参照）。

POINT　釣り糸は魚がいるポイントに垂らすこと

どんなコンテンツでも、ニーズがなければ成果は出ません。ニーズの確認は、コンテンツ制作の土台であり、成果の上限を決める制限要素となります。

Section 14
検索件数からニーズのあるテーマを選択する

Category 作業概要 企画 執筆

検索件数を調べるツールを紹介し、ニーズのあるテーマの選択方法を解説します。まずは魚がいる池を選ぶこと、ここで失敗したら、どんなに良い竿やエサを利用しても魚は釣れません。しっかりと理解し、実践できるようになりましょう。

無料ツールで検索数をチェックする

検索件数は、Googleが提供する「キーワードプランナー」でチェックします。キーワードプランナーは、Googleの検索結果に連動して広告を掲載するサービス「Googleアドワーズ」で利用できるツールです。

Googleアドワーズでは、キーワードごとに入札方式で広告がクリックされた際の単価が決まります。この入札額を決める際の参考データとして提供されるのが、キーワードプランナーのデータです。指定したキーワードの検索件数や競合性、推定入札単価はもちろん、指定したキーワードに関連するキーワードの情報も得られます。キーワードプランナーでコンテンツを作成する分野のキーワードの一覧と検索件数を取得し、それを参考にテーマを選びます。

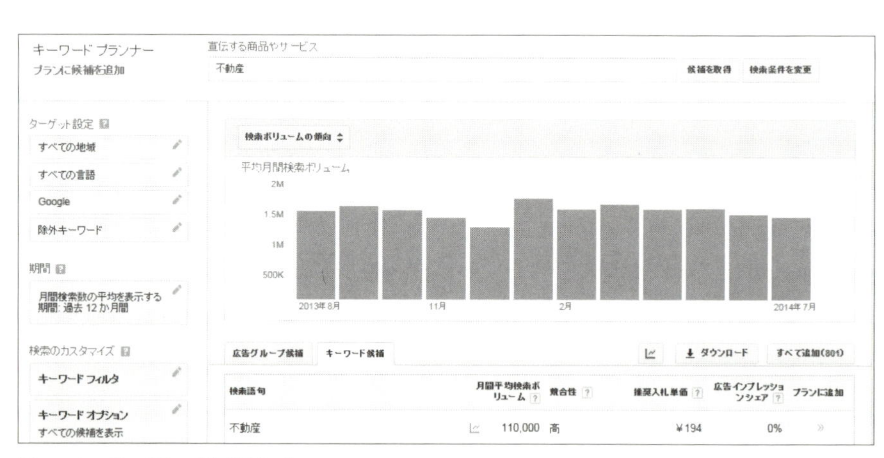

Google キーワードプランナー
URL https://adwords.google.co.jp/KeywordPlanner

検索件数をチェックする

キーワードプランナーの利用には、Googleアドワーズへの無料登録が必要です。登録方法や利用方法の詳細は、第8章Sec.69を参照しましょう。

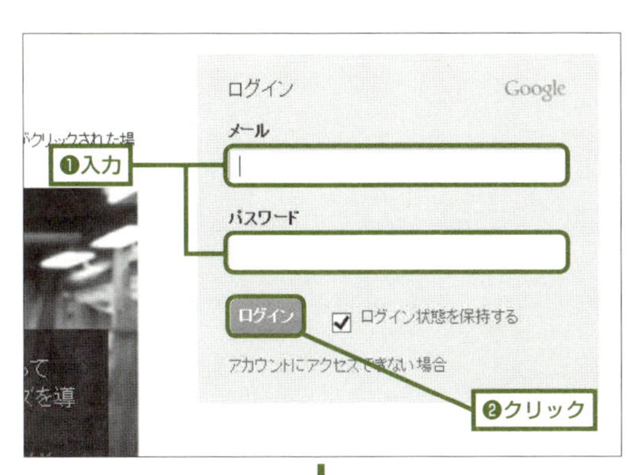

❶ ブラウザからGoogle アドワーズ（http://adwords.google.com/）にアクセスし、画面右にあるログインフォームよりログインします。

❷ 画面上部にあるメニューから＜運用ツール＞→＜キーワードプランナー＞をクリックし、キーワードプランナーの画面を表示します。

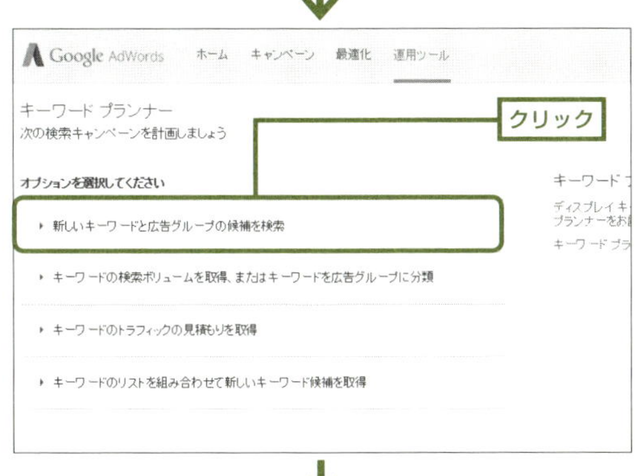

❸ キーワードプランナーの画面が表示されたら、オプションの中から＜新しいキーワードと広告グループの候補を検索＞をクリックします。

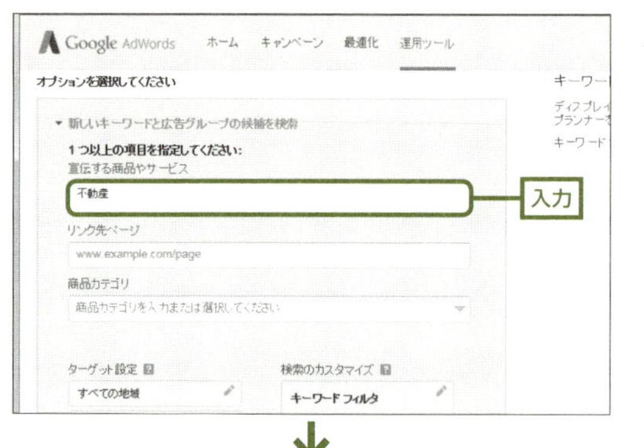

❹ 表示される入力フォームの中の「宣伝する商品やサービス」に、作成予定のコンテンツの分野を表すキーワードを入力し、<候補を取得>をクリックします。

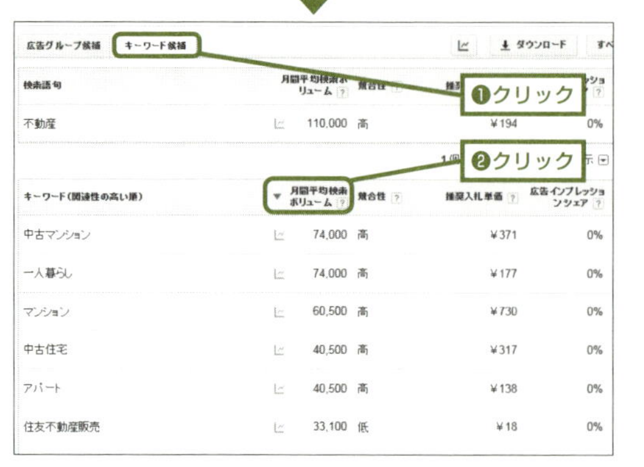

❺ 候補が取得されたら<キーワード候補>タブをクリックし、<月間平均検索ボリューム>をクリックしてキーワードを並べ替えます。

表示されるキーワードを確認し、まずは、**検索件数が多いキーワードの中から自分がコンテンツを書けそうなキーワードをピックアップします**。具体的なターゲットや目的とするアクションをイメージできるキーワードがあれば、それを選びましょう。

MEMO 詳細な分析はCSVファイルをダウンロード

検索数の右上に表示される<ダウンロード>をクリックすると、キーワード候補をCSVファイル形式で取得できます。「Avg. monthly searches［月間平均検索件数］」の列を降順に並べ替え、検索件数の多いキーワードを確認しましょう。

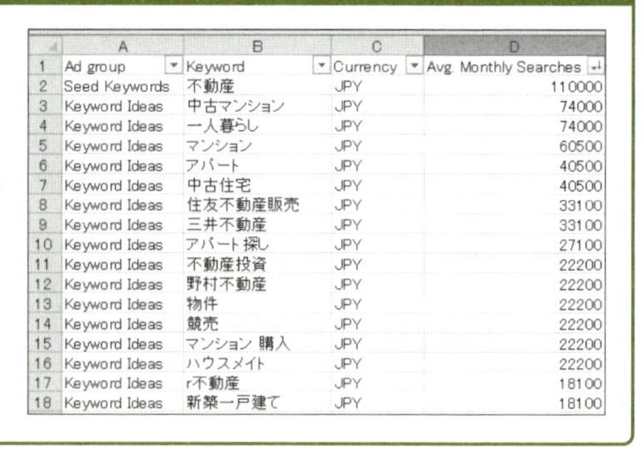

	A	B	C	D
1	Ad group	Keyword	Currency	Avg. Monthly Searches
2	Seed Keywords	不動産	JPY	110000
3	Keyword Ideas	中古マンション	JPY	74000
4	Keyword Ideas	一人暮らし	JPY	74000
5	Keyword Ideas	マンション	JPY	60500
6	Keyword Ideas	アパート	JPY	40500
7	Keyword Ideas	中古住宅	JPY	40500
8	Keyword Ideas	住友不動産販売	JPY	33100
9	Keyword Ideas	三井不動産	JPY	33100
10	Keyword Ideas	アパート探し	JPY	27100
11	Keyword Ideas	不動産投資	JPY	22200
12	Keyword Ideas	野村不動産	JPY	22200
13	Keyword Ideas	物件	JPY	22200
14	Keyword Ideas	競売	JPY	22200
15	Keyword Ideas	マンション 購入	JPY	22200
16	Keyword Ideas	ハウスメイト	JPY	22200
17	Keyword Ideas	r不動産	JPY	18100
18	Keyword Ideas	新築一戸建て	JPY	18100

実践：ニーズをチェックする

実際にキーワードプランナーを使って、ニーズをチェックしましょう。実践で作成するコンテンツは、「不動産」を販売するためのコンテンツなので（Sec.11参照）、「不動産」に関連したニーズのあるキーワードをチェックしましょう。

❶ P.48手順❹の画面を表示し、「新しいキーワードと広告グループの候補を検索」の画面を開き、入力フォームに「不動産」を入力し、＜候補を取得＞をクリックします。

広告グループ候補　キーワード候補　ダウンロード

検索語句	月間平均検索ボリューム	競合性	推奨入札単価	広告インプレッションシェア
不動産	110,000	高	¥194	0%

1個のキーワード中1～1個を表示

キーワード（関連性の高い順）	月間平均検索ボリューム	競合性	推奨入札単価	広告インプレッションシェア
中古マンション	74,000	高	¥371	0%
一人暮らし	74,000	高	¥177	0%
マンション	60,500	高	¥730	0%
中古住宅	40,500	高	¥317	0%
アパート	40,500	高	¥138	0%

❷ 結果を検索件数の順で並べると、検索件数の上位3つが「不動産」「中古マンション」「一人暮らし」になっています。

「一人暮らし」のキーワードで検索している人は、学生や新入社員などが新たに物件を探しているのではないかとイメージできるので、「一人暮らし」をテーマにすればコンテンツも作成しやすそうです。ただし一旦は、**「不動産」「中古マンション」「一人暮らし」の3つをすべて候補とし、絞り込みは以降の作業で行いましょう。**

POINT　検索件数でニーズをチェックする

イメージではなく、数値でニーズをチェックします。その際に参考にするのは検索件数です。検索件数の多いキーワードをテーマの候補としましょう。

Section 15

テーマを将来性から絞り込む

Category 作業概要 企画 執筆

現在の検索件数からニーズのあるテーマ候補を選択しましたが、将来に関してはどうでしょうか？せっかく作るなら、長い間ニーズがあり続けてほしいものです。そこで今度は各候補の将来性を確認し、テーマを絞り込みましょう。

テーマの将来性をチェックする

テーマを選定する際にチェックしておきたいのが、そのテーマの将来性です。**キーワードプランナーの検索件数から現在のニーズは確認できますが、将来のニーズはわかりません。その確認には、Googleが提供する「Google トレンド」を利用します。**

Google トレンドは、指定したキーワードのGoogleにおける2004年以降の検索件数の推移と、それから予測される1年先までの予測検索数をグラフで確認できるツールです。過去からの検索数の推移と将来の予測から、候補としているテーマにこの先もニーズがあり続けるのか否かを確認します。

■ 将来性のチェック

Google トレンドはキーワードプランナーと違い、登録などをしないでもそのまま無料で利用できます。検索状況が地域別にどのようになっているか、関連するキーワードの中で検索数の多いワードなども確認できるので、必要に応じてそれらのデータも参考にしましょう（Sec.71参照）。

❶ ブラウザからGoogle トレンド（http://www.google.co.jp/trends/）にアクセスし、画面上部にある検索ボックスにキーワード候補を入力し、Enter を押します。

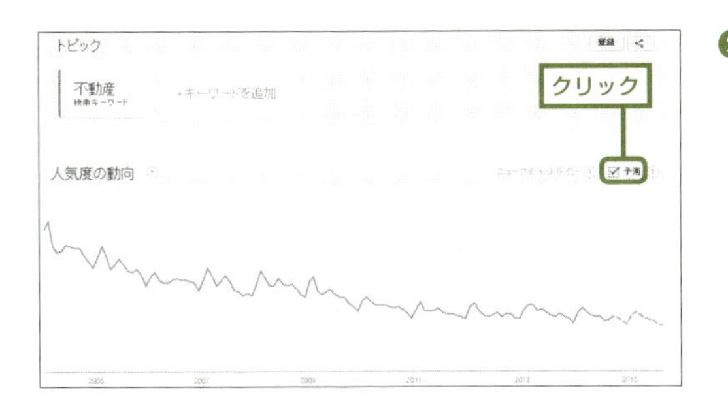

❷ 対象キーワードの過去の検索件数の推移を示すグラフが表示されます。グラフ右上に表示される「予測」のチェックボックスにチェックを付けると、検索件数の予測が1年先まで表示されます。

グラフは以下の4つのタイプに分かれます。この4タイプの中で、選んだキーワードが「右肩下がり」か「急増タイプ」の場合は、少し注意が必要です。

右肩上がり：将来性が高く、ニーズが高くなる可能性があるテーマ
水平タイプ：安定しており、普遍的なニーズがあるテーマ
右肩下がり：将来性が低く、ニーズが低くなる可能性があるテーマ
急増タイプ：急に注目されたか新しい分野のテーマで、将来性は未知数

右肩下がりのときは、その下がる率に注目し、下がる率が高いときは避けたほうが良いでしょう。また、急増タイプはこれからの分野なので、伸るか反るかのギャンブル的な要素が多分にあります（MEMO参照）。ほかのコンテンツをしっかり作成した上で作成するのは構いませんが、**急増タイプのコンテンツばかり作成すると、成果がなかなか安定せず、苦労することになります**。

MEMO　急増タイプの場合は見極めが重要

右は「ウォーターサーバー」（青いグラフ）と「ヨウ素剤」（グレーのグラフ）の検索件数の推移です。どちらも2011年の3月に起きた東日本大震災で注目されたキーワードですが、その後の推移はまったく異なることがわかります。このように急増タイプは、その後も一定以上のニーズを保ち効果を持続するものと、まったくニーズがなくなるものがあるので、かなりギャンブル的な要素が大きく、見極めが重要です。

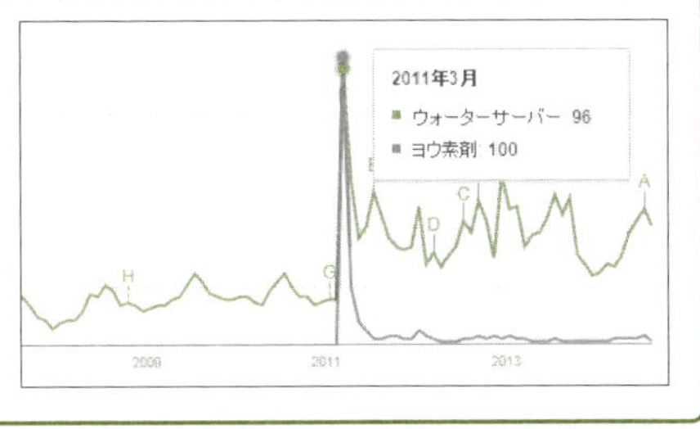

実践：将来性をチェックする

Google トレンドを利用して、現在テーマの候補となっている「不動産」「中古マンション」「一人暮らし」の将来性をチェックしてみましょう。

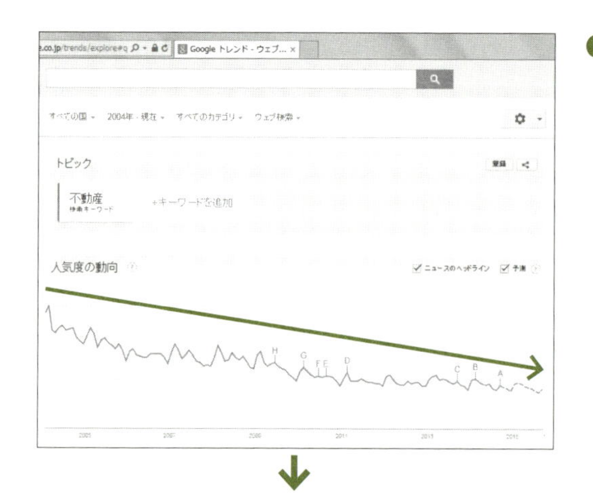

❶ Google トレンドにアクセスし、検索ボックスに「不動産」と入力したら、Enter を押します。表示された検索数の推移を見ると、「不動産」というテーマは「右肩下がり」のタイプで将来性には不安があります。

MEMO 関連する人気キーワードもチェック

Googleトレンドでは、調べたキーワードに関連するキーワードの中で、検索件数の多いキーワードも教えてくれます。画面下方の「関連キーワード」の「キーワード」の項を確認しましょう。
「一人暮らし」では、「一人暮らし費用」「一人暮らしインテリア」「一人暮らし部屋」などの検索件数が多いことがわかります。テーマを決めたら、そのテーマで書く内容を決める際の参考にしましょう。

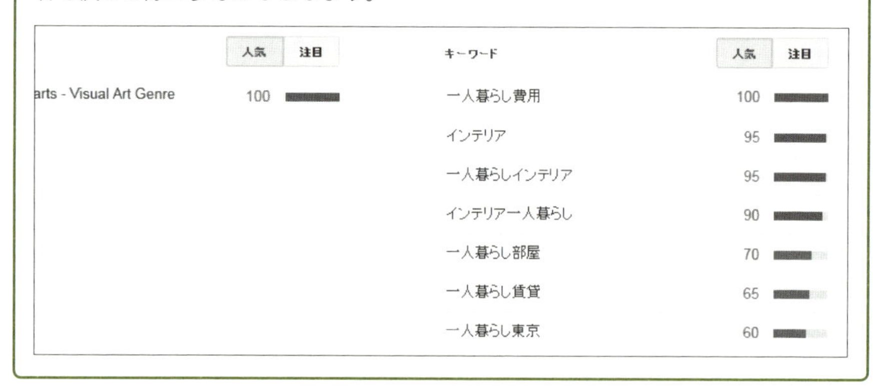

❷ P.52 手順❶を参考に「中古マンション」というキーワードを検索します。検索結果を確認すると、「中古マンション」というテーマは「水平タイプ」で、将来的にも同様のニーズが見込まれます。

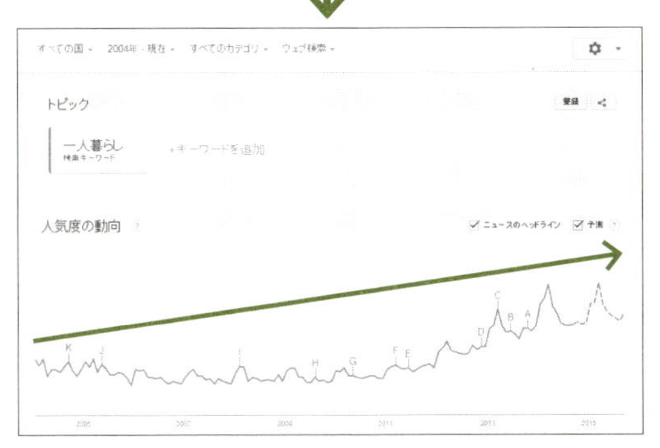

❸ P.52 手順❶を参考に「一人暮らし」を検索してチェックします。「一人暮らし」というテーマは「右肩上がり」のタイプで、高い将来性を見込めることがわかります。

キーワードプランナーの検索件数がもっとも多いのは「不動産」ですが、将来性に不安があり、また、コンテンツを作成する際の具体的なイメージがしにくいので、今回は候補から外します。

残った2つの候補、「中古マンション」と「一人暮らし」では、「中古マンション」も悪くはありませんが、グラフが右肩上がりタイプの「一人暮らし」のほうが将来性があります。また、「一人暮らし」のグラフには毎年3月に定期的な大きな山があるので、予想通り新生活に向けて新たに物件を探している人が多いこともわかり、ターゲットも明確でコンテンツも作成しやすそうです。この**将来性とターゲットの明確さから、今回のテーマは「一人暮らし」に決めます**。

POINT　テーマは将来性も大事

作成したコンテンツが効果を発揮していくためには、将来性のチェックも大切です。現時点でニーズがあっても、すぐにニーズがなくなってしまう可能性もあるので注意しましょう。

Section 16 アクションにつながるキーワードを作る

Category 作業概要／企画／執筆

ニーズもあり、将来性もあるテーマを決めたら、そのまま作成するコンテンツをイメージしながら強化するキーワードを決めます。その際に注意が必要なのは、キーワードにはアクションにつながるキーワードとつながらないキーワードがあることです。

キーワードとアクション率

検索エンジン対策で大切になるキーワードですが、キーワードを選択する際には、検索件数だけでなく、「アクション率」も考える必要があります。

■ アクションにつながらないキーワード

キーワードは、タイプによってアクションにつながらない場合があります。アクションにつながらないのは、こちらの目的とは異なる目的で利用されたキーワードです。例えば、こちらは購入や問い合わせを目的としているのに、言葉の意味や関連情報を集めている人が多く来ても目的通りには動いてくれません。SEO対策を始めたばかりの人がつまずく代表例が、以下の2つのタイプです。

調べもの系：純粋に言葉の意味や情報収集を目的とするキーワード
一単語系：目的が漠然としていて、何をしたいか判断できないキーワード

調べもの系	一単語系
「デジカメとは」	「デジカメ」
「SEO対策とは」	「SEO対策」

「調べもの系」は、「デジカメとは」「SEO対策とは」など「○○とは」に代表される、純粋に言葉の意味を調べているだけのタイプです。**調べもの系のキーワードは、検索件数が多い割にライバルがあまり強くない場合も多く、対策したくなりますが、言葉の意**

味を確認した時点で目的が達成されるので、こちらの期待するアクションをしてくれる確率は低くなります。

同様に「デジカメ」「SEO対策」などの「一単語系」のキーワードは、検索件数が多くても何を目的としているかわかりません。「デジカメ」という言葉の意味を知りたいのか、「デジカメ」の画像がほしいのか、「デジカメ」の新製品を調べたいのか…。また、このようなキーワードは上位に大手企業が並び、対策するのも大変なキーワードとなりがちなので、競合の面からも避けたほうが良いキーワードです。

■アクションにつながるキーワード

アクションにつながるのは、つながらないキーワードとは反対に、ニーズを含むキーワードです。アクションにつながるキーワードの代表例は、以下の4タイプです。

エリア系：「美容室 代官山」「レストラン 渋谷」など場所を限定するキーワード
お悩み系：「ダイエット 方法」「転職 仕方」など解決方法を含むキーワード
購入系：「デジカメ 激安」「SEO対策 相場」など購入意思を含むキーワード
緊急系：「デジカメ 修理」「名刺 即日」など緊急性を含むキーワード

エリア系	お悩み系
「美容室　代官山」	「ダイエット　方法」
「レストラン　渋谷」	「転職　仕方」

購入系	緊急系
「デジカメ　激安」	「デジカメ　修理」
「SEO対策　相場」	「名刺　即日」

上記のように、アクションにつながるキーワードは、キーワードを見ると、それを検索した人が何を目的としていたかが明確であり、購入や問い合わせにつながるニーズが含まれています。

また、アクションにつながるキーワードは、単一キーワードに何かしら動機を表すキーワードがセットになっています。つまり、**検索件数と将来性から選択したテーマとなるキーワードに、何かしら動機を表すキーワードを付加し、アクションにつながるキーワードにすれば良いのです。**

キーワードの包含関係

■ 包含関係が検索件数を増やす!?

キーワードの選択時にもう1つ知っておきたいのが、キーワードの「包含関係」です。キーワード選択で、この包含関係の概念を知らずに失敗している方を多く見かけます。

まず、以下の「デジタル一眼レフカメラ」の呼称とGoogleにおける月間の検索件数の関係を見て、どのキーワードを強化するか考えてください。その際、アクション率のことは気にしないで構いません。

キーワード	月間検索件数
一眼レフカメラ	18100
デジタル一眼レフ	18100
デジタル一眼	3600
デジイチ	3600
デジタル一眼レフカメラ	1900
デジー	480

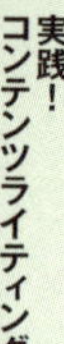

検索件数を見て「一眼レフカメラ」か「デジタル一眼レフ」のどちらにしようか迷ったかと思います。しかし、選ぶべきは「デジタル一眼レフカメラ」です。

理由は、「デジタル一眼レフカメラ」の中には、上の表の中の「デジイチ」と「デジー」以外のキーワードがすべて含まれているからです。その上、「デジ」と「一」に分かれてはいますが、「デジー」も含まれています。つまり、**「デジタル一眼レフカメラ」を選択すれば、「デジイチ」以外の検索件数、42,180件/月の検索を狙えるので、「一眼レフカメラ」を選んだ場合と比べ、2～3倍近くの検索件数を狙えるのです。**

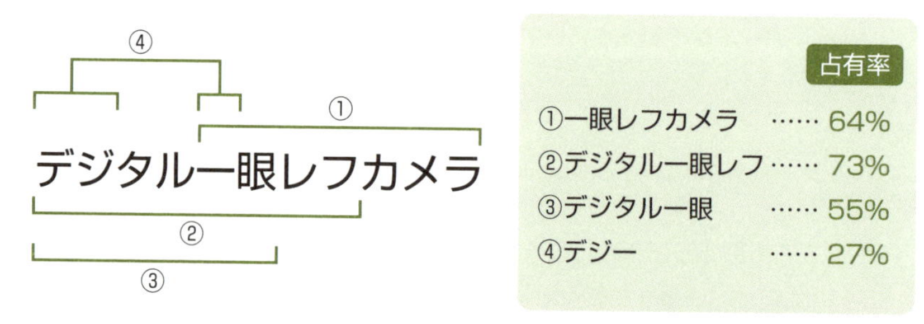

▲「デジタル一眼レフカメラ」には、「デジイチ」以外のすべてのキーワードが含まれています。

■キーワードの占有率に注意

キーワードの包含関係を知ると、今度は非常に長いキーワードを選ぶ方がいますが、キーワードには「占有率」という概念もあるので注意が必要です。

例えば「一眼レフカメラ」というキーワードを対策したいとき、「一眼レフカメラ」というキーワードを用いれば占有率は100%、「デジタル一眼レフカメラ」を用いれば11文字中の7文字で占有率は64%になります。**占有率が低いと、対象のキーワードに対するSEO対策の効果は弱まる**ので、包含関係を気にしてあまりに長いキーワードを選んでしまうと、含まれるすべてのキーワードの対策が弱まり、かえって成果が上がらなくなってしまいます。

実践：アクションにつながるキーワードを作る

一単語系の「一人暮らし」にニーズを表すキーワードを加え、アクションにつながるキーワードにしましょう。

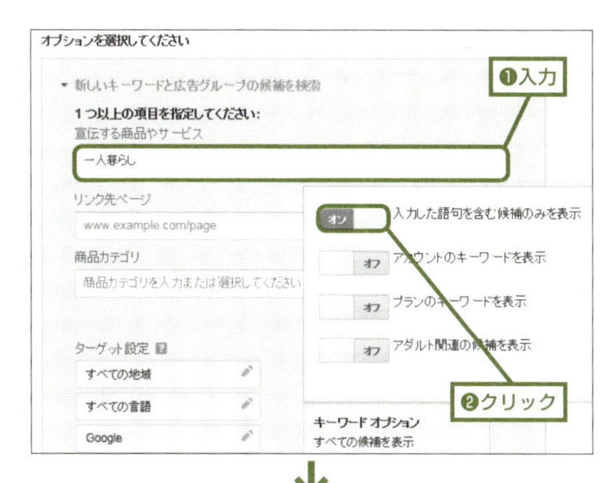

❶ キーワードプランナーで「新しいキーワードと広告グループの候補を検索」画面を開き、入力フォームに＜一人暮らし＞を入力します。＜キーワードオプション＞をクリックし、「入力した語句を含む候補のみを表示」をオンにしたら、＜候補を取得＞をクリックします。

❷ 結果が表示されたら、右上に表示される＜ダウンロード＞をクリックし、キーワード候補をCSVファイルで取得します。

取得したCSVファイル「Avg. monthly searches」のD列を降順に並べ替え、検索件数が多い順に見ると、12番目に「一人暮らし 部屋」が出てきます。これはGoogleトレンドの関連キーワードにも表示されており、不動産屋への誘導コンテンツも作成しやすそうなので、対策キーワードとして良さそうです。ただ、ニーズを含むキーワードがないので、包含関係を考慮して「不動産 部屋」を含むキーワードを探すと、「一人暮らし 部屋探し」（検索件数は880件／月）が見つかります。これには**「一人暮らし」も「一人暮らし 部屋」も含まれるので、「一人暮らし 部屋探し」を対策キーワードとしましょう。**

	A	B	C	D
1	Ad group	Keyword	Currenc	Avg. Mo
2	Seed Keywords	一人暮らし	JPY	74000
3	Keyword Ideas	一人暮らし インテリア	JPY	27100
4	Keyword Ideas	一人暮らし 費用	JPY	27100
5	Keyword Ideas	一人暮らし 家電	JPY	9900
6	Keyword Ideas	一人暮らし 料理	JPY	9900
7	Keyword Ideas	一人暮らし ブログ	JPY	8100
8	Keyword Ideas	一人暮らし 必要なもの	JPY	6600
9	Keyword Ideas	一人暮らし 食費	JPY	6600
10	Keyword Ideas	一人暮らし 初期費用	JPY	6600
11	Keyword Ideas	一人暮らし 生活費	JPY	6600
12	Keyword Ideas	一人暮らし 家具	JPY	6600
13	Keyword Ideas	一人暮らし 部屋	JPY	4400
14	Keyword Ideas	インテリア 一人暮らし	JPY	4400
15	Keyword Ideas	東京 一人暮らし	JPY	4400
16	Keyword Ideas	一人暮らし ペット	JPY	4400
17	Keyword Ideas	一人暮らし 光熱費	JPY	3600
18	Keyword Ideas	一人暮らし 家電セット	JPY	3600
19	Keyword Ideas	一人暮らし 寂しい	JPY	3600
20	Keyword Ideas	一人暮らし 節約	JPY	3600
21	Keyword Ideas	女性一人暮らしインテリア	JPY	3600
22	Keyword Ideas	一人暮らし 冷蔵庫	JPY	2900
23	Keyword Ideas	一人暮らし 電気代	JPY	2900
24	Keyword Ideas	冷蔵庫 一人暮らし	JPY	2900
25	Keyword Ideas	一人暮らし日々つれづれ	JPY	2400

POINT

キーワード選択はアクション率と包含関係に注意

キーワードをうわべの検索件数だけで決めると、期待の成果は上がりません。検索件数で絞り込んだら、アクション率と包含関係を考えてキーワードを決定しましょう。

Column

非常に大切！キーワードの表記

検索エンジンはさまざまなキーワードごとに、世界中のWebサイトの順位を決めており、利用者がキーワードを入力すると、その順位にもとづいた結果を表示します。検索結果の表示は「キーワード」ごとの順位にもとづくので、対策するには検索件数の多い「キーワード」を選択し、しっかりとコンテンツに反映する必要があります。

■表記の違いと検索件数

日本語には、平仮名や片仮名、そして漢字があり、送り仮名に関しては複数の表記が許されているものもあります。

例えば、不動産屋のWebサイトでは、「一戸建」と「一戸建て」のどちらのキーワードを強化すべきでしょうか。まず検索件数は、P.45で触れた通り「一戸建て」のほうが47倍近くも検索されています。また、Googleの検索結果を確認すると、検索結果に表示されるサイト数は、54倍ほどの差があります。つまり、Googleは表記の違う単語を別の単語と判断し、利用者に検索結果を提供しているため、「一戸建て」を強化すれば「一戸建」の47倍近い人々にアクセスできる可能性があるといえます。

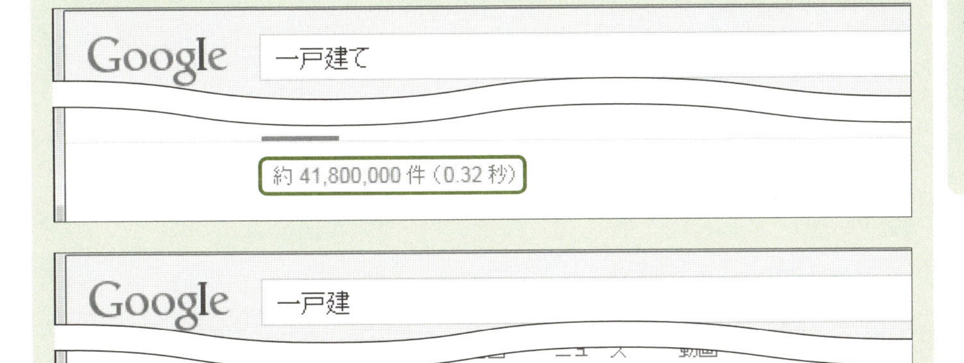

▲「一戸建て」「一戸建」それぞれの、Google における検索結果に表示されるサイト数です。ほとんど変わらないキーワードですが、Google が順位をつけているサイトの数は約 54 倍もの差があります。

Section 17

「勝てる」キーワードか競合をチェックする

Category 作業概要／**企画**／執筆

ニーズと将来性のあるテーマで、アクション率の高い利用者を集客するキーワードを作成したら、最後に競合のチェックが必要です。どんなに条件の良い釣り場でも、周りにプロの釣り師がひしめいていては、なかなか成果は上がりません。

検索結果から競合チェック

どんなに検索件数が多くテーマに将来性があっても、競合サイトが強すぎたらなかなか成果は出せません。テーマとキーワード選択の最後に、競合をチェックしましょう。

■ 競合のチェック

競合のチェックでは、Googleの「PageRank」を参考にします。PageRankとはGoogleが設定するWebページの重要度を示す指標の1つで、さまざまなツールによって確認できますが、本書ではGoogle ツールバーを利用する方法を紹介します。なお、Google ツールバーのインストール方法は、第8章Sec.73を参考にしてください。

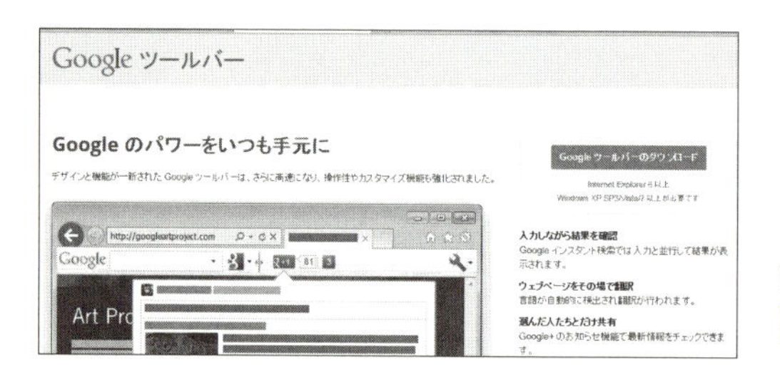

Google ツールバー
URL http://www.google.com/intl/ja/toolbar/ie/index.html

MEMO 作業を楽にする競合チェックツール

競合サイトのチェックで便利なのが、ファンキーライバル［FunkeyRival］（http://funmaker.jp/seo/funkeyrival）です。次に紹介する指標に、競合サイトのページ数や被リンク数、キーワード出現率なども加えて算出された競合度が、複数キーワードで同時にチェックできます。

Google ツールバーが利用できるようになったら、Googleで対象のキーワードを検索し、**上位20サイト（2ページ分）に関して以下の数式で出したPageRankを用いて各項目をチェックします**。そして、加点項目と減点項目の合計点が6点以上の場合は、そのテーマは競合が強いと判断し、再度候補を選びなおします。

利用する PageRank（R）=r ×（n+a）／ 2n

r: 表示される PageRank　n: 調べたキーワード数　a: タイトル内のキーワード数

- **加点項目　＋２点×チェック数**

☐ **上位１～５位：** PageRank3 以上のサイトが３サイト以上

☐ **上位１～10 位：** PageRank2 以上のサイトが５サイト以上

☐ **上位１～10 位：** 個人ブログや Q&A 系のサイトが３サイト以下

☐ **上位１～20 位：** PageRank0 もしくはないサイトが４サイト以下

☐ **上位１～20 位：** 大企業のサイトが 10 サイト以上

- **減点項目　－１点×チェック数**

☐ **上位１～20 位：** PageRank1 以下のサイトが 10 サイト以上

☐ **上位１～20 位：** 個人が作成しているブログが３サイト以上

☐ **上位１～20 位：** Q&A 系のサイトが３サイト以上

☐ **上位１～20 位：** 同一サイトの異なるページが複数表示されている

実践：競合のチェック

では実際に、Googleで「一人暮らし 部屋探し」と検索し、競合のチェック項目をそれぞれ確認してみましょう。ここで確認するキーワード「一人暮らし 部屋探し」には、「一人暮らし」「部屋」「探し」と3つの単語があるため、nは3となります。

- **■加点項目　＋２点×４項目＝＋８点**

☑ **上位１～５位：** PageRank3 以上のサイトが３サイト以上

→３が３サイト、２が２サイト

☑ **上位１～10 位：** PageRank2 以上のサイトが５サイト以上

→３が４サイト、２が５サイト、０が１サイト

☑ **上位 1 ～ 10 位**：個人ブログや Q&A 系のサイトが 3 サイト以下

→ 個人ブログは 2 サイト、Q&A 系のサイトは 1 サイト

☑ **上位 1 ～ 20 位**：PageRank0 もしくはないサイトが 4 サイト以下

→ 0 が 3 サイト、ランク外は 0 サイト

☐ **上位 1 ～ 20 位**：大企業のサイトが 10 サイト以上

→ 大企業サイトは 9 サイト

• **減点項目　－ 1 点×3 項目＝－ 3 点**

☐ **上位 1 ～ 20 位**：PageRank1 以下のサイトが 10 サイト以上

→ 1 が 1 サイト、0 が 3 サイト、ランク外が 0 サイト

☑ **上位 1 ～ 20 位**：個人が作成しているブログが 3 サイト以上

→ 個人ブログは 4 サイト

☑ **上位 1 ～ 20 位**：Q&A 系のサイトが 3 サイト以上

→ Q&A 系のサイトは 3 サイト

☑ **上位 1 ～ 20 位**：同一サイトの異なるページが複数表示されている

→ 10 位と 19 位、13 位と 14 位が同一サイトの異なるページ

加点項目		減点項目		
＋ 8	＋	－ 3	＝	5 点

「一人暮らし 部屋探し」の加点項目と減点項目を合計すると5点となるので、執筆の時点では、競合がある程度強いキーワードではありますが、変更が必要なほどではありません。ですから、今回は、この「一人暮らし 部屋探し」をキーワードとしてコンテンツの作成を進めることにしましょう。

ただし、このチェック方法は簡易的なものであり、競合サイトのページ数や被リンク数、そして対象ページのキーワード出現率なども加味しなければ正確な値は出ません。今回の手法で出せる値は、あくまで参考値であることを覚えておいてください。

POINT　テーマ選定では競合チェックも忘れずに

ニーズと将来性があるテーマで、アクション率が高いキーワードを利用しても競合が強いと成果は出ません。テーマ選定時は、競合のチェックも大切です。

反映時に注意！キーワードの完全一致と不完全一致

■ 完全一致と不完全一致

まず「部屋」「探し」を反映した、下の2つの文章を見てください。

1. 快適な一人暮らしには、生活の基盤となる部屋探しは非常に重要です。
2. 駅や街を重視して探し、気に入ったらあまり部屋の条件にはこだわらず、気楽に引っ越す人が増えているのかもしれません。

「部屋探し」を「部屋」と「探し」という2つのキーワードと考えるなら、1と2はどちらも変わりません。しかし、一連のキーワード「部屋探し」として見た場合、2は「部屋」と「探し」にキーワードが分割されているため、完全に一致している1よりSEO対策の効果が弱まってしまいます。

■ 対策すべきキーワード

実践で強化する「一人暮らし 部屋探し」というキーワードの検索件数をキーワードツールで確認すると、以下のデータが得られます。

キーワード	月間検索件数
一人暮らし	74000
部屋	14800
部屋探し	49500
一人暮らし 部屋	4400
一人暮らし 部屋探し	880

「部屋探し」の検索件数もかなり多く、「部屋探し」は一連のキーワードとして狙うべきことがわかります。しかし、文章の流れがおかしくなる場合は、完全一致にこだわりすぎず、分割して入れても構いません。本書の実践では2つの文章を作成するので、片方では「部屋探し」に完全一致させた方法を、もう片方では分割も利用した方法を紹介し、2つの方法を確認できるようにします。

Section 18 人気トピックスとターゲットを明確化する

Category 作業概要 企画 執筆

いくらニーズのあるテーマでアクション率が高く勝てるキーワードを選べても、内容が興味をひかなければ利用してもらえません。選んだテーマで多くの人が興味を持つトピックスを確認し、人気のコンテンツを作成する準備をしましょう。

人気とターゲットを確認できるQ&Aサイト

選定したテーマに関連する情報は、以下の2ステップで収集します。

STEP1. Q&A サイトを利用した人気のトピックスとターゲットの確認
STEP2. リアルの情報源を用いた、情報の確認と補強

Yahoo!知恵袋などのQ&Aサイトは、ターゲットとなる消費者の生の声を確認できる情報収集に非常に適したツールです。匿名でのやりとりなので、本音でのやりとりも多く、また、回答者の情報からターゲット像も確認できます。

■ 人気トピックスとターゲットの確認

本書では日本最大のポータルサイトであるYahoo!JAPANが運営するQ&Aサイト「Yahoo!知恵袋」を利用し、人気トピックスとターゲットを確認する方法を解説します。

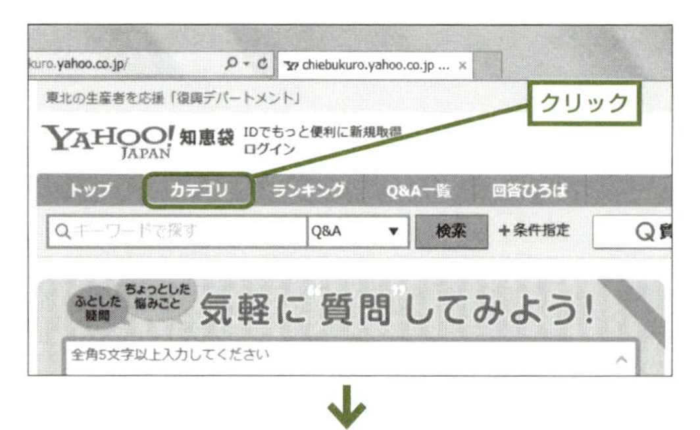

❶ ブラウザから Yahoo! 知恵袋（http://chiebukuro.yahoo.co.jp/）にアクセスし、画面上部にある<カテゴリ>をクリックします。カテゴリ一覧が表示されたら、選定したテーマにもっとも近いカテゴリを選択します。

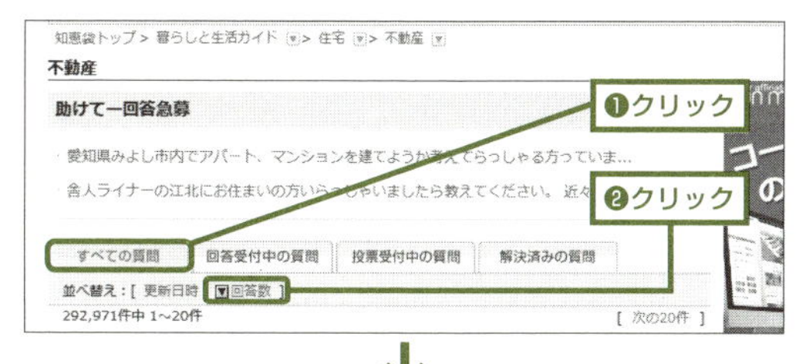

❷ 選んだカテゴリに属する質問の一覧が表示されるので、<すべての質問>→<回答数>をクリックして並べ替えます。

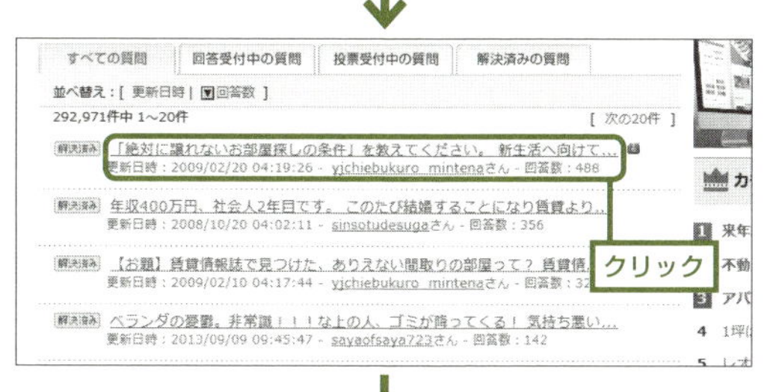

❸ 上から順に質問のタイトルを確認し、選んだテーマ関連していそうな質問のタイトルをクリックし、質問の詳細と回答を確認します。

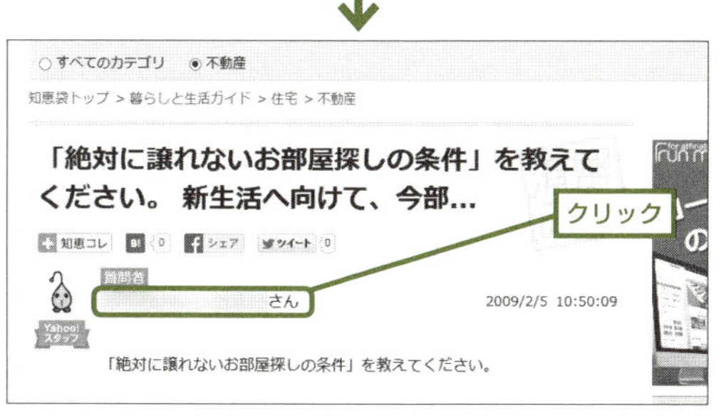

❹ 質問や回答それぞれに表示されるアカウント名をクリックすれば、その人の詳細情報を確認できます。このようにして、対象の情報に興味を持っているターゲット像を具体化します。

確認の際は、質問や回答の内容から、その話題に興味を持っているターゲット像を想像するようにしましょう。**回答数が多い質問は、興味を持ち意見を持っている人が多いテーマを扱っているといえます**。ですから、Q&Aサイトの回答数の多い順に質問と回答を確認していけば、多くの人が興味を持つトピックスの傾向と、そのターゲットを確認できるのです。

MEMO　選定キーワードを利用して、より詳細に絞り込む

選んだキーワードに関連した質問だけを見るには、各画面上部の検索ボックスにキーワードを入力し、<検索>をクリックします。ただし、選んだキーワードが使われていなくても、まさに求めている情報を扱っている質問もあるので注意が必要です。

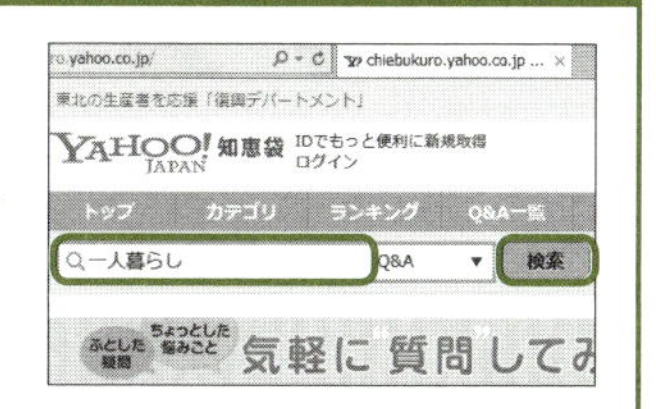

実践：人気トピックスとターゲットの確認

実際に「一人暮らし」「部屋探し」に関連した人気のトピックスとそのターゲットを確認してみましょう。なお、選んだテーマによっては、適当な質問がなく人気のトピックスが見つからない場合もあります。その場合は、ほかのQ&Aサイトを利用しましょう（Sec.67参照）。

■ 人気トピックスを確認する

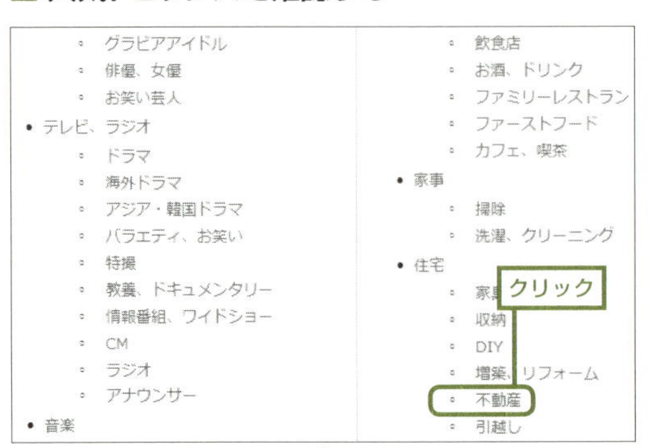

❶ Yahoo! 知恵袋のカテゴリ一覧を表示し、＜暮らしと生活ガイド＞の＜住宅＞の中にある＜不動産＞をクリックします。

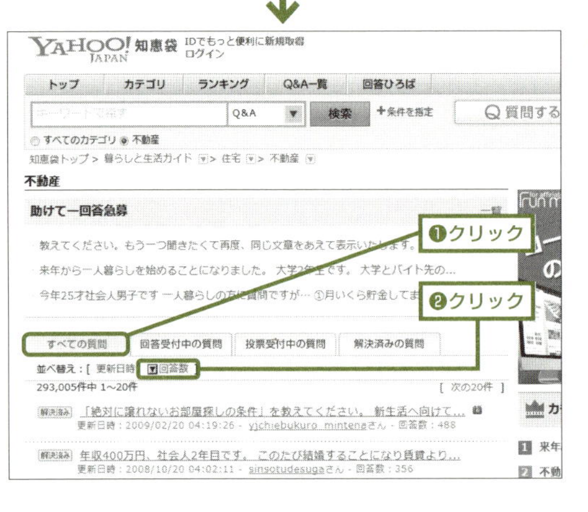

❷ ＜すべての質問＞→＜回答数＞をクリックして内容を確認します。

回答数が多いベスト20の中で、8割に当たる16件が「賃貸物件」に関する質問で、1位と14位、15位は「一人暮らし」に関する質問です。**選定した「一人暮らし」というテーマはニーズがあるのはもちろん、人気のトピックスでもあることが確認できます。**また、「賃貸物件」の話を絡められれば、「部屋探し」のキーワードも入れやすいでしょうし、より多くの人が興味を持つコンテンツになると期待できます。

■ 質問と回答を確認する

回答数がもっとも多い質問の内容は「新生活に向けて、賃貸物件を借りる際に外せない条件」と、「一人暮らし」に関係した質問なので、今回はこの質問をベースにコンテンツを作成していきましょう。また、ベストアンサーは「騒音」と簡潔なものなので、ストーリーも作りやすそうです。

質問者

さん　2009/2/5 10:50:09

「絶対に譲れないお部屋探しの条件」を教えてください。

新生活へ向けて、今部屋を探しているのですが、
みなさんはどういう条件でお部屋探しをしていますか？
駅からのアクセス、間取り、敷金礼金、2F以上、デザイナーズ……。
いろいろあると思うのですが、
「これだけは絶対に譲れない！」という条件を
ひとつだけ挙げてみてと言われたら、何になりますか？

ベストアンサーに選ばれた回答

さん　2009/2/12 17:01:42

これは、絶対譲れないものは、たったひとつだと思います。
それは、「騒音」です。

■ ターゲットを確認する

次に質問者を確認します。今回の質問者はYahoo!スタッフなので、質問者の情報は参考になりません。一方、回答者の情報を確認すると、過去の質問の傾向から若い人が多いことがわかります。質問自体も「新生活へ向けて」となっているので、**ターゲットは「新生活に向けて一人暮らしを始めようと思っている若者」、具体的には、大学生と新社会人ぐらいを想定すれば良いでしょう。**また、結論にあたる「騒音」という回答は汎用的な回答なので、性別を限定する必要もないでしょう。

> **POINT　人気や傾向の確認はQ&Aサイトで行う**
>
> 興味をひく内容があって、初めてコンテンツは利用されます。多くの人が興味を持つ人気のトピックスを確認するには、Q&Aサイトが便利です。

Section 19

情報の裏づけと関連情報を収集する

Category 作業概要 **企画** 執筆

人気のトピックスとターゲットが明確になったら、それをもとにコンテンツを作成するための情報を収集します。正確でオリジナリティの高い情報を作成するには必須の作業なので、おろそかにせず十分に時間をかけるようにしましょう。

リアルの情報源による確認と補強

人気のトピックスとそのターゲットを確認したら、次は情報の確認と補強作業です。Web上の情報には偏りがあり、真偽も定かではないので確認が必要です。また、**Webにある情報だけでコンテンツを作成したのでは、ほかのコンテンツのコピーにすぎず、オリジナリティの高いコンテンツにはなりません**。正しくオリジナリティの高いコンテンツを作成するには、Webだけではなく、現実の情報の利用が大切です。

■ お勧めの情報源

情報源としてもっともお勧めなのは、書店です。販売されている書籍は、編集担当者が内容を確認しているので、情報の精度が高く真偽の確認に適しています。また、まだWebにない情報にも出会えるので、まずは書店に行くことをお勧めします。

また、**ターゲットとなる人の多いエリアの書店に行き、関連書籍のタイトルを見ると、人気のトピックスや求められている情報も確認できます**。例えば、ビジネス街の書店に行き、入り口近くの平積みの書籍を見れば、今サラリーマンに人気のトピックスがわかります。また、書籍のラインナップから、サラリーマンが求めている情報も把握できます。

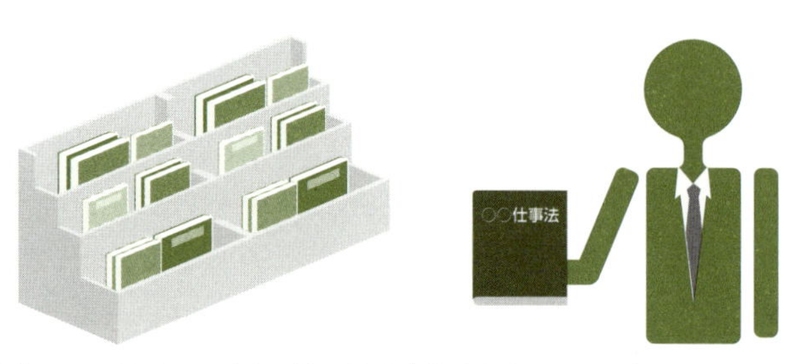

▲ビジネス街の書店では、サラリーマンをターゲットとした書籍が並べられています。

■お手軽な情報収集

お手軽に情報を収集したい場合は、選定したキーワードを検索エンジンで検索し、上位に表示されるWebサイトを確認しましょう。上位に表示されているサイトは、ある程度しっかりコンテンツを作成しているので、複数のサイトを確認すれば、参考にしようと思っている情報の真偽の確認はできます。

ただし、この方法で集めた情報でコンテンツを作成しても、オリジナリティの高いコンテンツは作成できないので注意が必要です。

■そのほかの情報源

フリーペーパーは低コストで便利な情報源になります。Webコンテンツ同様「無料」で消費されるので、コンテンツの傾向が似ており非常に参考になります。不動産や人材、美容などフリーペーパーが発行されている分野では、ぜひ利用してみましょう。

Webサイト

フリーペーパー

▲検索上位のWebサイトやフリーペーパーも情報源となります。

実践：情報の確認と補強

オリジナリティや情報の正確性を考えると、しっかりとWeb以外の情報源を利用することは非常に重要です。また、より多くの情報をもとに作成すれば、ストーリー展開も多様になり、よりコンテンツも作りやすくなります。しかし本書の方法は、限られた情報でも目的に合ったコンテンツを作成できるので、**今回はYahoo!知恵袋の1つの質問から得られる限られた情報だけをもとに、目的に合ったコンテンツの作成に挑戦します。**

POINT　正確性とオリジナリティを決める情報収集

コンテンツのオリジナリティを上げるには、Web以外からの情報収集が大切です。内容を確認するためにも、複数の情報源を利用する習慣をつけましょう。

Section 20

コンテンツの全体像を作る「執筆」

Category 作業概要 企画 **執筆**

企画で集めた情報をもとに、実際にあらすじを作成し文章を作成していくのが「執筆」作業です。文章を読みやすく魅力的にするのは次の「編集」の作業で行うので、まずは構成、表現と表記、文章量以外は気にせず、一気に書き上げます。

執筆作業の5ステップ

本書では、執筆作業を以下の5つのステップに分けて解説します。より読みやすくする作業や、詳細な文章量の調整は次の「編集」作業で行うので、細かいことは気にせず、気楽に文章を作成してみましょう。

STEP1. 伝わりやすい文章構成にする
STEP2. アクションを導くストーリータイプを選択する
STEP3. 成果を高め、表現を統一するためのキャラクターを選択する
STEP4. 表記を統一してコンテンツの質を上げる
STEP5. SEO 対策に効き、読みやすい量の文章を作成する

■ STEP1. 伝わりやすい文章構成にする

→ Sec.21

成果を上げたいのなら、どのようなコンテンツも目的を持ち、最適な構成にする必要があります。いくら内容が良くても、文章構成が悪いとまったく内容が伝わらず、目的の成果は上がりません。**メッセージが伝わる文章構成を理解することから、執筆作業を始めます。**

■ STEP2. アクションを導くストーリータイプを選択する

→ Sec.22

同じテーマ、同じ結論でも、まったく異なる行動を誘導することは可能です。**本書では目的ごとの効果的な3つのストーリータイプを紹介し、誰でも自由に目的を達成するあらすじを作成できるようにします。**あらすじは、コンテンツの設計図です。文章の構造と3つのストーリータイプをしっかり理解し、使いこなせるようになりましょう。

■ STEP3. 成果を高め、表現を統一するためのキャラクターを選択する →Sec.23

実際に文章を書く前に、自分のキャラクターを明確にイメージすることが大切です。**適切なキャラクター設定は、読み手に信頼や親近感を与えるのはもちろん、しっかりキャラクターを設定しておかないと表現がブレ、顔の見えないWebの世界では致命的な不信感を与えるリスクもあります。**ターゲットを明確にし、それに合わせた最適なキャラクターの設定方法を理解しましょう。

■ STEP4. 表記を統一してコンテンツの質を上げる →Sec.24

文章の表記を統一しておくことも重要です。文末を「だ、である」で結ぶのか、「です、ます」で結ぶのかで、**与える印象が変わるのはもちろん、両方が混在していると、コンテンツの質も大きく下がります。**また、日本語には「行う」「行なう」など複数の送り仮名が存在するので、これらを統一しておくことも大切です。

▲表記が混在しないように、統一する表記を決めておきましょう。

■ STEP5. SEO対策に効き、読みやすい量の文章を作成する →Sec.25

表現や表記を統一したら、作成したあらすじに肉づけをし、実際に文章を書きます。その際には、SEO対策と読みやすさをふまえた、最適な文章量にする必要があります。**文章量が少なすぎればSEO対策が効きませんし、多すぎれば読み手には負担になります。**最適な文章量の中でコンテンツを作成することが、より高い成果を目指すには大切になります。

> **POINT　成果を大きく変える、文章構成とストーリータイプ**
>
> あらすじはコンテンツの設計図に当たります。あらすじがよくないとコンテンツもよくなりません。執筆では、文章構造とストーリータイプを理解することが大切です。

Section 21

書き出す前に確認！伝わりやすい文章構成

Category 作業概要 企画 執筆

文章を実際に書き出す前に、読み手に伝わりやすい文章構成について確認しておきましょう。文章構成はさまざまなものが提唱されていますが、本書では多くの人に馴染みのある「起承転結」の型を利用して、効果的な文章を作成する方法を解説します。

まずは結論を決める

何事でもそうですが、成果を上げるには、まずゴールを明確化する必要があります。**文章構成やストーリーを考える前に、すべてのコンテンツに明確な目的を持たせ、それに合った結論を用意することが重要です**。もし目的が思いつかないのなら、作成する必要性から考え直すべきです。

■ 物事にはさまざまな側面がある

例えば不動産の紹介サイトなのに、いくら事実だとしても「今は不動産は買い時ではない」とか「不動産は負債だ」など、まったくアクションに結びつかない結論ばかりのコンテンツを作成しても望んだ成果は得られません。**コンテンツを作成するなら、利用者がこちらの目的のアクションをしたくなるコンテンツを作成しなければなりません**。

「今は不動産が買い時ではない」ということは、裏を返せば「多くの人が買い時ではないと思い価格が下落している」ときです。「価格が下落している今こそ、不動産投資のチャンスである」という結論ならば、成果が見込めるのではないでしょうか。集めた情報をさまざまな側面から考え、目的に合った結論を決めることから始めましょう。

▲円柱は真上から見ると円、真横から見ると長方形に見えます。 物事も見方を変えるとさまざまな見え方をするものです。さまざまな角度から分析し、アクションに結びつく結論を見い出しましょう。

伝わりやすい文章構成

■「起承転結」とは

まずは、一般的によく用いられる「起承転結」を簡単に確認しましょう。

起：主テーマの提示や情報の投げかけ

承：主テーマのさらに深い説明や関連情報の紹介

転：別視点によるテーマのとらえ方の紹介や、伝えたい結論の装飾

結：テーマのまとめ、結論

実際には、右の3パートぐらいをイメージし、「転」と「結」は1つになってしまっても構わないですし、「転」で結論をいって「結」でそれを強化しても構いません。

起：話題の提示

承：「起」の肉づけ

転結：結論

■ つかみの2パターン

「起承転結」の「起」は漫才でいう「つかみ」にあたり、ここでそれ以降を読んでもらえるか否かが決まります。内容や目的に合わせ、以下のようにしましょう。

大企業や定番商品。安心感や信頼感を与えたい：常識から開始

中小企業や新商品。興味をわかせ人をひきつけたい：常識の反対から開始

常識から開始すると、当たり前のことから始まるので読み手の興味はひきませんが、大企業や定番商品は、無理な冒険はせず、この入り方をしたほうが良いでしょう。一方、まだ地位を獲得していない中小企業や新商品は、興味をひかなければ内容を読んでもらえないので、常識の反対から入るほうが効果を発揮します。

POINT　文章構成の基本は「起承転結」

文章を書く前に、必ず目的に合った結論を用意しましょう。また、構成の基本は起承転結ですが、こだわりすぎず「転」と「結」が1つになっても構いません。

Section 22
アクションを導く3つのストーリータイプ

Category 作業概要 企画 **執筆**

検索件数の多いテーマの中で、多くの人が興味を持つ話題を選定したら、今度はそれを利用してあらすじを作成します。あらすじは文章の設計図に当たる非常に重要なものなので、しっかりと理解し目的に応じたあらすじを作成できるようになりましょう。

3つのストーリータイプ

文章は、流れによって読み手の納得感が変わり、それに続くアクションが行われるか否かが決まります。**流れにはさまざまな形があり、扱う内容や目的によって使い分けることが大切ですが、以下の3タイプを使えば十分な成果を得られます。**

大企業や抜け漏れのない商品の紹介：一般論から各論
中小企業や大きな特徴のある商品の紹介：各論から一般論
大企業や中小企業、複数の特徴のある商品の紹介：比較列挙

常識となっている一般論で納得させられるのなら、基本的にはそれが1番です。読み手にとっても納得しやすく、また安心感もあります。しかし、すべての商品やサービスが常識の中で輝くわけではありません。大企業や定番商品のようにすべての要素を完璧に満たせない場合、何かしらエッジを効かせます。それを上手に伝えるのが、「各論から一般論」や「比較列挙」のストーリータイプです。

■勝つべくして勝つ「一般論から各論」タイプ

一般常識となっている「良い」ことを確認した上で、それを満たす商品を紹介するのに適した、勝つべくして勝つ内容を扱う際に効果的なストーリータイプです。例えば、好条件の物件を紹介するなら、「良い」条件の一般論から入り、条件の各論で読み手に具体性を与え、そしてそれを満たす物件だ、という流れで紹介すれば納得してもらえるでしょう。

快適な生活を送るには、はずせない住宅の条件があります。それは、通勤や通学を楽にする駅からの距離、日々の生活を明るく快適にする日当たり、そして、設備や

きれいさを決める築年数です。
今回ご紹介するのは、そんな条件を全て満たした、素敵な生活を実現する駅近、南向き、そして住みやすい新築物件です。ぜひ一度ご連絡ください。

■一点突破「各論から一般論」タイプ

一般常識となっている「良い」条件が不足している場合、大きな特徴となる「一部」に焦点を当てるストーリータイプです。1つのことに集中することで、ときには平凡なところや欠点をも長所にしてしまう、一点突破でインパクトを与えられる便利なストーリーです。例えば前項の例とはまったく逆の、好条件をすべて満たさない物件なら、そのような物件が一部で人気であるという各論から入り、実はとても割安でお得だから皆にもお勧めだと一般論化すれば、購入してもらえるでしょう。

実は駅から遠く北向き、築年数の古い物件が密かなブームになっていること、知っていますか？　それはこの条件を備えた物件は、同じエリアや同じ設備の物件と比較すると、総じて圧倒的に割安だからです。
今回ご紹介するのは、この今注目の条件を備えた、非常に割安な物件です。憧れのエリアに住むチャンスです。ぜひ一度ご連絡ください。

■特徴のない商品を輝かせる「比較列挙」タイプ

複数の点で競合商品や市場平均より優れた商品を紹介する際に、有効なストーリータイプです。すべての条件は満たしていない、かといってエッジの効いた特徴もない、そんな特徴のない商品を魅力的に見せることも可能です。例えば、前2つの例の続きで考えると、人気の3条件は満たしておらず、突出した特徴もない物件でも、ほかの物件と比較したり、該当エリアや市場の平均と比較したりすることでお勧めできます。

今回ご紹介する物件は、同条件の物件と比べ価格が安く、騒音や人目を気にしないでよい、人気の２階以上にある物件です。東京都の中でも治安のよい○○地域で、築年数も比較的新しくおすすめです。ご興味のある方は、ぜひ一度ご連絡ください。

完璧な商品、完璧なサービスだけを紹介できるのなら苦労はしません。しかし、何かしら競合の商品に負けていたり、これといって特徴がない商品やサービスを紹介しなければならないことのほうが多いのが現実です。**どんな場合も目的のアクションに導く、それが本当のライティングであり、そのために、上記の3つのストーリーがあります。**

実践：あらすじの作成

企画で決めた「新生活に向けて、賃貸物件を借りる際に外せない条件」という話題、「新生活に向けて一人暮らしを始めようと思っている若者」をターゲットにして、以下の2通りの目的のあらすじを作成しましょう。

1. 人気の条件を満たす多数の物件を扱う大規模 A 不動産屋への誘導文
2. 多少の欠点はあるが、特徴のある物件を扱う中小規模 B 不動産屋への誘導文

あらすじを作成する前に、目的に合わせて結論を決める必要がありますが、今回は、Yahoo!知恵袋のベストアンサー「騒音」を利用したいので、**誘導先のページを「騒音のない物件特集」にします。**

■ A不動産の誘導文のあらすじ

A不動産は、大企業で扱う物件も優良物件ばかりであること、不動産は高額な商品であるため信頼が大切であることをふまえ、**つかみは安心や信頼感を与えるために常識から始め、ストーリータイプは勝つべくして勝つ「一般論から各論」タイプを利用します。**

つかみ：常識から開始
ストーリー：一般論から各論
結論：騒音

これを「起承転結」の構成にあてはめ、あらすじを作成すると、以下のようになります。最終的に、「人気条件を満たしたA不動産の物件から、特に「騒音」の心配のない物件を集めた特集をご覧ください。」と誘導する流れです。

起：新生活を快適に過ごすために部屋選びは非常に重要
承：お部屋選びには、様々なこだわりの条件がある
転：では、快適な生活を送るために最も重要な条件は何か
結：それは騒音だ

■ B不動産の誘導文のあらすじ

B不動産は中小企業で、そのままでは興味を持ってもらえない可能性があるため、**つかみは常識の反対から始めてインパクトを与えます**。扱う物件は欠点はあるものの特徴がある物件なので、**ストーリータイプは一点突破を目指す「各論から一般論」タイプが良いでしょう**。

つかみ：常識の反対から開始
ストーリー：各論から一般論
結論：騒音

これだけでまったくほかの情報がないと、A不動産と異なる内容にするのは難しいので、書店での情報収集の結果、「若者の中に1、2年で引越しを繰り返し、さまざまな街での暮らしを楽しむ人が増えている」情報を得たことにします。すると以下のようなあらすじを作成できます。

起：1、2年で引越しを繰り返し、様々な街での暮らしを楽しむ人が増えている
承：便利なサービスの登場で引越しも楽だし、更新料を考えると損でもない
転：様々な街を楽しむなら、物件は最低限の条件を満たせば良いのではないか
結：騒音さえなければ問題ない

そして最終的に、「さまざまな環境を楽しむことができ、多くの特徴ある物件を扱うB不動産の物件の中で、「騒音」の心配のない物件を集めた特集を、ぜひご覧ください。」と誘導する流れです。

同じターゲットに対して、同じ情報をもとにし、同じ結論で作成したあらすじですが、受ける印象は大きく異なると思います。同じ情報を利用しても、内容や目的によってストーリーを使い分ければ、いつでも目的の成果を上げられるようになります。

POINT　ストーリータイプは内容と目的に合わせて選択

適切なストーリーは、読み手を自然に納得させます。内容と目的に合わせ、「一般論から各論」「各論から一般論」「比較列挙」の3タイプから選択しましょう。

Section 23

キャラクターを決めて表現を統一する

Category 作業概要 企画 **執筆**

実際に文章を書きだす前に、読み手に信頼や親近感を与えるためにキャラクターを設定する必要があります。しっかりキャラクターを設定していないと表現のブレが生じ、顔の見えないWebの世界では致命的な不信感を与えるリスクもあります。

キャラクターを決めて表現を統一

高い成果を目指すには、自分のキャラクターを明確にすることが大切です。自身の体験談をブログ調で提供するコンテンツなら、より共感を得られるように、利用者に近いキャラクターを設定し、ある程度くだけた表現にするもの良いでしょう。高い成果のためには、以下の3点を考慮したキャラクター設定が必要です。

- 標的とするターゲット
- 知識量と自分のキャラクター
- コンテンツを作成する立場

■ 標的とするターゲット

キャラクター設定でもっとも重要なのは、「誰に伝えるか」です。女子高生に化粧品を売るためのコンテンツを、50代の男性のキャラクターで書いてもなかなか期待の成果は得られません。共感を得られるターゲットに近い女子高生のキャラクターで書くか、女子高生に人気のモデルや歌手に書いてもらったほうがより高い効果を期待できます。

MEMO ご当地キャラは最大のキャラクター設定

現在話題となっているさまざまなご当地キャラが発信するブログやTwitterなどは、キャラクター設定の最たるものです。本人として発信したのでは、ほとんど読んでもらえない市や県の職員が書くコンテンツが、ご当地キャラという設定のおかげで、大きな影響力を発揮します。

■ 知識量と自分のキャラクター

忘れがちで意外に重要なのが、知識量と自分のキャラクターです。女子高生に化粧品を売るためのコンテンツで、50代の男性が女子高生を演じるのは無理があります。それよりは、50代男性のまま専門家として、多くの人が難しくて理解できない成分や効果などをわかりやすく解説したほうが演じていることがバレて信用を失うリスクもなく、長期的に見れば効果が上がります。同様に、専門知識がないのに専門家のふりをするよりは、利用者と同じ目線で体験談を伝えるブログを作成したほうが良い場合が多いです。

■ コンテンツを作成する立場

最後に、コンテンツを作成するこちらの立場も考えましょう。個人サイトなら何も制約を受けず自由にキャラクターを設定すれば良いですが、企業や団体が発信するコンテンツでは、**企業やブランドのイメージ、社会的立場にふさわしいキャラクターか否かも考慮する必要があります**。

ありのままのキャラクターがまったく受け入れられないときは、最終手段として「演じる」ことも仕方ありませんが、まずは、自分のキャラクターをどう演出したら受け入れられるか考えることから始めましょう。そして、キャラクターを設定したら、そのキャラクターに応じた表現を決め、表現にブレが生じないようにします。

実践：キャラクター設定

今回のターゲットは「一人暮らしを始める若者」で性別を限定しておらず、Webで情報を集めていることから、不動産にそれほど詳しくないと考えられます。また、**不動産という高額で専門知識の必要な買い物を促すコンテンツを会社として提供することを考えると、しっかりした情報を提供できる、「不動産屋の中堅の担当者」ぐらいをイメージしたら良いでしょう**。不動産屋なら専門知識のある人には事欠ないので、知識量やキャラクターの面からも特に無理のない設定といえるでしょう。

POINT　成果を上げるためにはキャラクターも大切

ターゲットの信頼や親近感を得るためには、キャラクターも大切。しっかりとキャラクターを決めたら、それに合った表現を考え、ブレないように注意しましょう。

Section 24 表記を統一してコンテンツの質を上げる

Category 作業概要 企画 **執筆**

「表現」の統一ができたら、「表記」の統一も行います。基本的に検索件数の多い表記を採用しますが、コンテンツの作成を始める前に、あらかじめ表記をどうするか決めておきましょう。

コンテンツの質を上げる表記の統一

■ 読み手の印象を左右する「文末表記」

表現の項でも触れましたが、**文末表記により、読み手の印象が大きく変わります**。また、文末表記が統一されていないと、非常に読みにくい文章になります。

断定的、強い主張：「○○だ。」「○○である。」

丁寧、親近感：「○○です。」「○○ます。」

■ 値の受け取られ方が変わる「数字表記」

数字を英数字で表記するか漢数字で表記するか、そして利用する単位を何にするかで印象は変わります。価格やサイズなどは商品やサービスの説明において非常に重要な部分になるので、その印象を決める数字表記は、目的を持って決めましょう。

多く見せたいとき：「100,000,000円」「1000mm」

少なく見せたいとき：「100百万円」「1m」

■ 混在させがちな「全角／半角表記」

英数表記に関しては、間違えて全角と半角を混ぜて使用してしまうことが多いので、始めにどちらを使用するか決め、注意深く反映していくようにしましょう。

全角表記：１２３４５６７８９０　ＡＢＣＤＥＦＧ　ａｂｃｄｅｆｇ

半角表記：1234567890　ABCDEFG　abcdefg

 複数人で作業を行う際の注意点

複数人で1つのWebサイトを作成する際には、表現や表記がブレてしまうことがよくあります。それを避けるためには、以下の対策を実行します。

もっとも簡単な対策は「個人を前面に出す」ことです。複数人で運営していることを明示し、記事ごとにライターの写真や名前を表示すれば、多少表現や表記がブレても個性として受け取ってもらえます。ただし、このような場合でも、数字の表記や全角／半角の表記ぐらいは揃えるよう、決めておきましょう。

もう1つの方法は「共通のキャラクター」を決めることです。個人を前面に出したくない場合は、コンテンツ作成前に共通のキャラクターを設定し、表現と表記の統一を図ります。その際は、全員が演じやすく、新しい人が参加したときも困らないように、あまり特徴のないキャラクターを設定しましょう。

また、送り仮名の表記もある程度統一したほうが良いでしょう。ただしこれは、作業の中で出てきたらそのつど、共有する形でも構いません。

▲あらかじめ統一方針を決めておきましょう。

 実践：表記の統一

不動産は信用と安心感が必要な高額で専門知識の必要な商品であること、会社がオフィシャルに作成するコンテンツであることをふまえ、**文末表記は丁寧で親近感を持たれる「○○です。」「○○ます。」を採用します**。これなら、設定した「不動産会社の中堅の担当者」というキャラクターにも合った表現になります。また、**販売価格などの表記に関してはより安く見せたいので漢数字表記を、英数表記は半角で統一することにします**。

POINT　表記のブレはコンテンツの質を大きく下げる

表記は基本的に検索件数の多い表記を採用しますが、「文末表記」「数字表記」「全角／半角表記」については、事前に決めておきましょう。

Section 25 文章量も大切！しっかりSEO対策を意識する

Category 作業概要 企画 **執筆**

キャラクターを決め、表現と表記の方針が決まったら、実際の執筆に入ります。その際に注意したいのが文章量です。文字数を指定された仕事なら問題になりませんが、自分で自由に決められる場合、1コンテンツあたりの適切な文章量はどれぐらいでしょうか？

 SEO対策から考える最適文字数

SEO対策の観点からは、文章量は800文字以上が良いとされています。一般的に、Webページはページごとのコンテンツが表示されるメイン領域と、メニューやコンテンツ一覧、コピーライトが表示される全ページ共通の領域で構成されます。メインのコンテンツ量が共通領域より十分に多くないと、ページごとの差が小さくなり、検索エンジンに複製ページからできているWebサイトと判断される可能性があるのです。

一方、あまり文章量が多くなりすぎると利用者も読むのが大変になり、結論まで読んでくれません。**日本人の平均読書速度は1分間に600字程度なので、ストレスを受けない3分ほどで読める1,800文字以内に調整し、コンテンツが長くなりすぎるようならテーマを細分化しましょう。**

▲通常 Web サイトは、ページごとのメインのコンテンツを表示する領域と、それ以外の全ページ共通の領域（ヘッダー、サイドバー、フッター）に分けられます。

ツールで簡単に文字数チェック

SEO対策でよく行う文字数のチェックでは、Microsoft Wordの「校閲」ツールにある「文字カウント」機能が活躍します。しかし、Wordは有料なので購入されていない方もいるでしょう。ここでは、Word以外の文字数チェックツールとして、無料で使えるサクラエディタを紹介します。

■ 非常に便利なサクラエディタ

「サクラエディタ」は、無料の日本製テキストエディタです。Windows用のソフトのためMacでは利用できませんが、プロの現場でも多くの人が使う便利なソフトなので、使用方法を簡単に解説します（ダウンロード方法などはSec.65参照）。

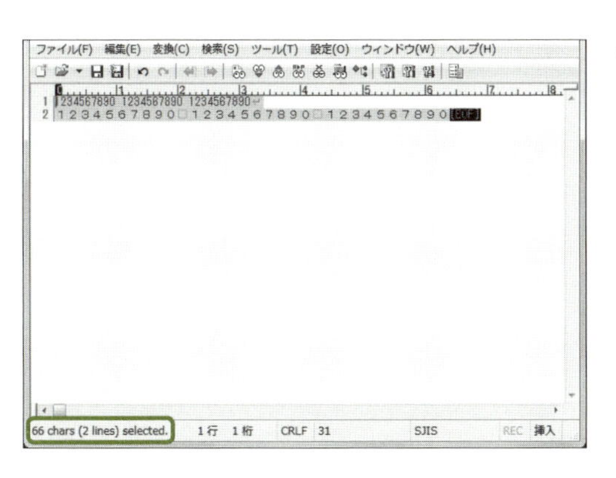

❶ サクラエディタを起動し、文章を貼り付けてチェックしたい領域をドラッグ操作で選択すると、ウィンドウ左下に「○○chars」と文字数が表示されます。改行も２文字としてカウントされるので、改行がある場合は「改行数×２文字」分文字数を減らす必要があります。

MEMO 全角文字と半角文字を区別してチェック

全角文字と半角文字を区別してカウントしたい場合は、＜設定＞→＜文字カウント方法＞をクリックします。設定を変更すると、全角文字は2bytes、半角文字は1bytes、改行は2bytesとカウントされるようになります。上の例では98bytesとカウントされます。ただし文字コードを変更すると、それぞれの文字のカウントのされ方が変わってしまうので、この方法で文字数をチェックする場合は、文字コードは初期設定のまま「S JIS」にしておきましょう。

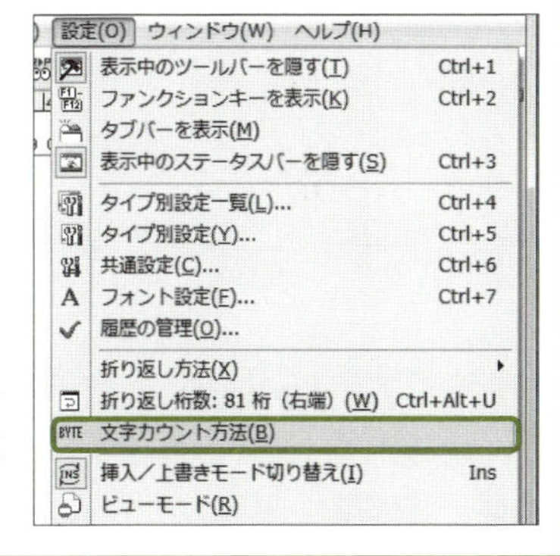

実践：誘導文の執筆

作成したあらすじに、「不動産会社の中堅の担当者」のキャラクターで、文末表記は「○○です。」「○○ ます。」、数字は漢数字表記、英数表記は半角で統一して肉づけ作業を行います。ただし紙面の都合上、文章量は300文字～ 400文字とします。

■ A不動産の誘導文

まず、人気の条件の物件を扱う大規模A不動産への誘導文から作成します。

起：新生活を快適に過ごすために部屋選びは非常に重要
承：お部屋選びには、様々なこだわりの条件がある
転：では、快適な生活を送るために最も重要な条件は何か
結：それは騒音だ

肉づけをする前に、「承」のパートで登場する「様々なこだわりの条件」には実例が必要なので、Yahoo!知恵袋で情報を収集します。実際の作業では、オリジナリティと正確性を高めるために、書店などでしっかりと情報を収集しましょう。ここでは、P.67で参考にしたYahoo!知恵袋の回答で、上から2つ目の回答にある「駅近」「駐車場」「ペット可」、3つ目の回答にある「風呂とトイレは別」という4つの実例を利用することにします。

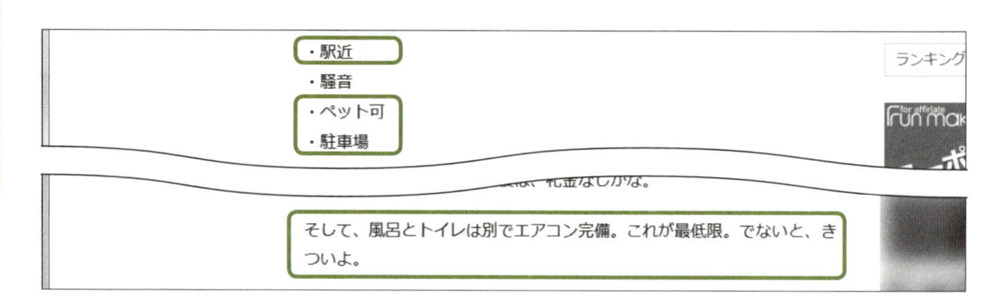

新生活を快適に過ごすには、生活の基盤となる部屋選びは非常に重要です。
毎日の通勤や通学を考えると駅から近いことも重要ですし、バストイレも外せません。車があれば駐車場も欲しいです。ペットを飼っている人は、ペットが飼うことができることも必須です。
では、快適な生活を送るために最も重要な、絶対外せない条件は何なのでしょうか？

駐車場は別に借りれば良いですし、バストイレも銭湯や共同のものを使うのも趣があって…なんて思えるかもしれませんが、騒音からは逃げられません。唯一のプライベート空間で、日頃の疲れを癒し快適な暮らしを送るためには、静かなことが最も大事な条件ではないでしょうか。 (285 文字)

文章的におかしなところや、文字数が少し足りないところもありますが、詳細の修正は編集の際に行うので、一旦はこれぐらいで構いません。文章量は、サクラエディタで確認してみましょう。

■B不動産の誘導文

同様に、多少の欠点はあるものの、特徴のある物件を扱う中小規模B不動産への誘導文を作成します。

起：1、2 年で引越しを繰り返し、様々な街での暮らしを楽しむ人が増えている
承：便利なサービスの登場で引越しも楽だし、更新料を考えると損でもない
転：様々な街を楽しむなら、物件は最低限の条件を満たせば良いのではないか
結：騒音さえなければ問題ない

実は最近、1、2 年で引越しを繰り返し、様々な街で暮らすことを楽しむ人が増えているのを知っていますか？
かつては、1 度住むと数年は住み続ける人が多かったのですが、様々なサービスの登場で引越しも楽に出来、更新料を考えると、敷金礼金の無い物件に引っ越せば、得な場合もあるのです。だから、駅や街を見て、気に入ったらあまり部屋の条件にはこだわらず、気楽に引っ越してみる、そんな人が増えているのかもしれません。
しかし、最低限おさえておかないと後悔する条件もあるので注意が必要です。
Yahoo! 知恵袋に絶対に譲れないお部屋探しの条件という質問があり、その回答を見てみると駐車場があること、ペットを飼えること、バストイレがあることなど様々な条件がありましたが、その中で 1 番は、騒音でした。駐車場は別に借りれば良いですし、ペットに関しては飼っていない人には関係ありませんし、バストイレも銭湯や共同のものを使うのも趣があって…なんて思えるかもしれませんが、騒音からは逃げられません。騒音は日々の生活で大きなストレスになるので、それだけはおさえてきましょう。 (467 文字)

Column 信頼され、成果を上げ続けるには？

「匿名」の世界であるWebは、多くの人が心のどこかに不安を抱えて利用しています。ですから、長期に渡り成果を上げ続けるには、いかに「信頼を得るか」が重要なポイントになります。簡単に実行できる効果の高い方法を挙げておくので、ぜひ実践してみましょう。

■実在することを明示する

自分自身がいること、企業やショップがあることを明示することで「匿名性」を解消します。顔写真や名前、連絡先、企業やショップなら住所や過去の実績などを記載すると、「信頼」「安心」につながります。

■第三者の意見を掲載する

いくら素晴らしいといい続けても、自分でいっているだけではなかなか信じてもらえません。利用者の声や第三者の意見も掲載しましょう。

■マイナス要素も載せる

良いところばかりを挙げマイナス要素を伏せると、不信感を生みます。物事には良いこともあれば悪いこともあるのは当たり前のことです。勇気を持って適度にマイナス要素にも触れた上で、魅力を語るようにすることも大切です。

■データをできるだけ掲載する

説明は感覚的な話ばかりではなく、実際の数値など客観的なデータで裏づけます。百聞は一見に如かずといいますが、実際のデータなしではなかなか説得力が増しません。できるだけ実際のデータを集めるようにしましょう。

■目的を明記する

Webの世界では、リンクをクリックしたら画像とまったく異なるサイトに誘導されたり、コンテンツかと思ったら広告だったという体験を多くの人がしており、それを嫌っています。広告や購入に誘導するコンテンツは誤解されないよう目的がわかるようにしたほうが、大きな効果を生むことがあることを知っておきましょう。

実践! Webコンテンツの編集と校正

Section 26

コンテンツを魅力的にする「編集」

Category 編集 校正

執筆で一気に書き上げた原案を、より読みやすくムダのない文章にするのが「編集」作業です。また、Webライティング特有の、SEO対策もこの編集で行います。ここでは実際に作業を始める前に、その作業の流れを確認しましょう。

コンテンツを魅力的にする8ステップ

本書では、編集を以下の8ステップに分けて解説します。

STEP1. 目的に応じた文章量に調整する
STEP2. 読みやすく伝わりやすい文章にする
STEP3. SEO 対策に効くキーワードを反映する
STEP4. ムダを省き、文章の完成度を上げる
STEP5. SEO 対策をふまえて画像を追加する
STEP6. レイアウト調整によってアクション率を高める
STEP7. フォントと文字装飾によって読みやすい文章にする
STEP8. わかりやすく、SEO 効果も上がる見出しを作成する

STEP1. 目的に応じた文章量に調整する → Sec.27

SEO対策と読みやすさの観点から、文章量を1コンテンツ800 ～ 1,800文字に調整します。 Webライティングでは、利用フォーマットによる文字数の制限や依頼主による文字数の指定に合わせることも多いので、文章量の調整は大切なスキルとなります。

STEP2. 読みやすく伝わりやすい文章にする → Sec.28

文章量を調整したら、読みやすくする作業をします。文やパラグラフが長すぎたり、メリハリがなかったりすると文章は読みにくくなります。**本書では、スキルや経験に左右されず、意識すれば誰にでもできるポイントを解説します。**

STEP3. SEO対策に効くキーワードを反映する

→Sec.29

企画で選定した対策キーワードをコンテンツに反映し、検索エンジンにアピールします。便利なツールを利用して効率的にキーワードを反映し、高い効果を発揮するコンテンツにします。

STEP4. ムダを省き、文章の完成度を上げる

→Sec.30

できあがった文章からムダを省き、プロのような質の高い文章にする作業です。この作業は、企画で選んだキャラクターに合わせて行うことが重要です。

STEP5. SEO対策をふまえて画像を追加する

→Sec.31

図や表などの画像を利用するとアクション率は高まりますが、SEO対策の効果は下がるので注意が必要です。Sec.31では、SEO対策の観点から最適な画像の追加方法を解説します。

STEP6. レイアウト調整によってアクション率を高める

→Sec.32

利用者の視線はコンテンツの特徴によって動き方が変わり、また、レイアウトやコンテンツによって視線を誘導することもできます。**文章に画像を追加したら、それらをもっとも効果的にレイアウトし、より高いアクション率を実現します**。

STEP7. フォントと文字装飾によって読みやすい文章にする

→Sec.33

Webライティングにおいて、**「見た目」を最適化しアクション率を高めるためには、画像とレイアウトに加え、文字自体も意識する必要があります**。読みやすくこちらの意図がしっかり伝わるように、最適なフォントと文字装飾を選びましょう。

STEP8. わかりやすく、SEO 効果も上がる見出しを作成する

→Sec.34

レイアウトも決まったら、編集作業の最後に、文章を読みやすくしSEO対策を強化するために見出しを追加します。**見出しは、文章を読みやすくするだけでなく、文章に構造を持たせ、SEO対策も強化する重要な要素です**。

> **POINT　読みやすくSEO対策を効かせる編集作業**
>
> 編集では、「文章量の調整」「書き方の調整」「キーワードの反映」「ムダをなくす」「画像の追加」「レイアウト調整」「文字装飾」「見出しの追加」の8つの作業を行います。

Section 27

これなら自由自在！文章量の調整法

Category 編集 校正

高いSEO対策の効果を発揮し読みやすい文章にするためにも、業務を請け負った際に指定された文字数に合わせるためにも、文章量の調整は必要です。ストーリーを変えず、自由に文章量を調整する方法を身につけましょう。

文章量の調整法

文章量を調整する際には、話の流れをいじってはいけません。あらすじの一部を削ったり、不要なストーリーを追加したりしてしまうと、伝えたいことが伝わらなくなってしまいます。**文章量の調整は、話の流れを変えることのない具体例や引用文を追加したり、削除したりして行います。**

- 文章量を増やす→具体例や引用文を追加する
- 文章量を減らす→具体例や引用文を削除する

実践：文章量の調整

第2章で作成した原案を使い、文章量を調整する作業を行ってみましょう。今回調整する目標の文字数は、300文字～ 400文字の間になります。

■ A不動産の誘導文

新生活を快適に過ごすには、生活の基盤となる部屋選びは非常に重要です。毎日の通勤や通学を考えると駅から近いことも重要ですし、バストイレも外せません。車があれば駐車場も欲しいです。ペットを飼っている人は、ペットが飼うことができることも必須です。
では、快適な生活を送るために最も重要な、絶対外せない条件は何なのでしょうか？

駐車場は別に借りれば良いですし、バストイレも銭湯や共同のものを使うのも趣があって…なんて思えるかもしれませんが、騒音からは逃げられません。唯一のプライベート空間で、日頃の疲れを癒し快適な暮らしを送るためには、静かなことが最も大事な条件ではないでしょうか。

(285 文字)

A不動産は、現在285文字しかなく文字数が足りないので、具体例を追加して文字数を増やします。**情報源としては、第2章の企画時に利用したYahoo!知恵袋の「絶対に譲れないお部屋探しの条件」を参考にします。**

3つ目の回答に「エアコン完備」が挙げられています。現在利用している具体例の「駐車場」や「バストイレ」と同様に、あとから追加でき、話の流れを変える心配もなさそうなので、この「エアコン」を具体例として追加しましょう。

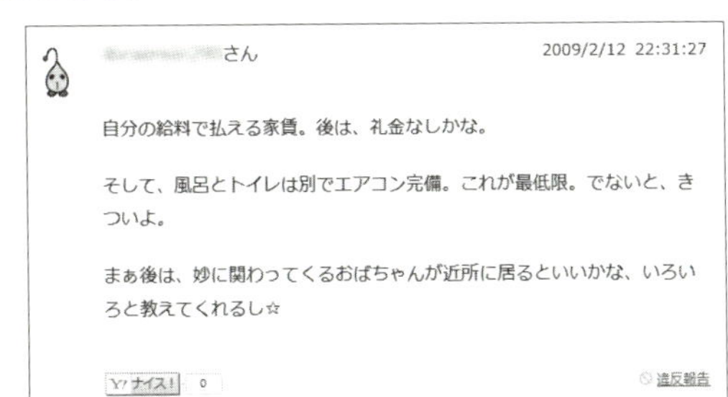
さん 2009/2/12 22:31:27

自分の給料で払える家賃。後は、礼金なしかな。

そして、風呂とトイレは別でエアコン完備。これが最低限。でないと、きついよ。

まぁ後は、妙に関わってくるおばちゃんが近所に居るといいかな、いろいろと教えてくれるし☆

新生活を快適に過ごすには、生活の基盤となる部屋選びは非常に重要です。
毎日の通勤や通学を考えると駅から近いことも重要ですし、バストイレも外せません。**夏や冬のことを考えたら、エアコンも欲しいですし、**車があれば駐車場も欲しいです。ペットを飼っている人は、ペットが飼うことができることも必須です。
では、快適な生活を送るために最も重要な、絶対外せない条件は何なのでしょうか?
駐車場は別に借りれば良いですし、バストイレも銭湯や共同のものを使うのも趣があって…なんて思えるかもしれませんし、**エアコンは買い足せますが、**騒音からは逃げられません。唯一のプライベート空間で、日頃の疲れを癒し快適な暮らしを送るためには、静かなことが最も大事な条件ではないでしょうか。

(322 文字)

上の青文字部分が「エアコン」に関連して追加した部分です。この追加により、37文字増えて322文字となり、目標の300文字～400文字の間に収まりました。このように、**現在ある具体例と同様の特徴を持つ具体例を追加すれば、文章のストーリーや主張をまったく変えず、文章量を増やせます。**

■B不動産の誘導文

B不動産の誘導文の原案は、現在467文字もあるので、具体例を削って文字数を減らす必要があります。減らす際に、**話の流れに関わる部分を削ってしまうと困るので、まずB不動産のあらすじを確認しましょう。**

起：1、2年で引越しを繰り返し、様々な街での暮らしを楽しむ人が増えている
承：便利なサービスの登場で引越しも楽だし、更新料を考えると損でもない
転：様々な街を楽しむなら、物件は最低限の条件を満たせばよいのではないか
結：騒音さえなければ問題ない

あらすじを確認したら、今度はあらすじと作成した原案を見比べ、あらすじに関係ない具体例を洗い出します。

実は最近、1、2年で引越しを繰り返し、様々な街で暮らすことを楽しむ人が増えているのを知っていますか？
かつては、1度住むと数年は住み続ける人が多かったのですが、様々なサービスの登場で引越しも楽に出来、更新料を考えると、敷金礼金の無い物件に引っ越せば、得な場合もあるのです。だから、**駅や街を見て、気に入ったら**あまり部屋の条件にはこだわらず、気楽に引っ越してみる、そんな人が増えているのかもしれません。
しかし、最低限おさえておかないと後悔する条件もあるので注意が必要です。
Yahoo!知恵袋に絶対に譲れないお部屋探しの条件という質問があり、その回答を見てみると**❶駐車場があること、ペットを飼えること、バストイレがあることなど様々な条件がありましたが**、その中で1番は、騒音でした。**❷駐車場は別に借りれば良いですし、ペットに関しては飼っていない人には関係ありませんし、バストイレも銭湯や共同のものを使うのも趣があって…なんて思えるかもしれませんが、**騒音からは逃げられません。騒音は日々の生活で大きなストレスになるので、それだけはおさえてきましょう。

（467文字）

青文字部分が、あらすじに関係のない具体例です。400字以内に収めるには、最低でも67文字以上削らなければなりません。文字数を考えると、削るのは❶「駐車場があること、～ありましたが」と、❶の内容に対応している❷「駐車場は別に借りれば～かもしれませんが」の部分となります。

❷の文字数は81文字あるので、こちらを削除すれば目標の文字数に収まりますが、2つが対応した文章であり、また執筆の最後に見出しを足すので、その余裕を作るためにも両方削除します。

実は最近、1、2 年で引越しを繰り返し、様々な街で暮らすことを楽しむ人が増えているのを知っていますか？
かつては、1 度住むと数年は住み続ける人が多かったのですが、様々なサービスの登場で引越しも楽に出来、更新料を考えると、敷金礼金の無い物件に引っ越せば、得な場合もあるのです。だから、**駅や街を見て、気に入ったら**あまり部屋の条件にはこだわらず、気楽に引っ越してみる、そんな人が増えているのかもしれません。
しかし、最低限おさえておかないと後悔する条件もあるので注意が必要です。
Yahoo! 知恵袋に絶対に譲れないお部屋探しの条件という質問があり、その回答を見てみると、その中で 1 番は騒音でした。騒音は日々の生活で大きなストレスになるので、それだけはおさえてきましょう。

（328 文字）

❶「駐車場があること、～ありましたが」と、❶の内容に対応する❷「駐車場は別に借りれば～かもしれませんが」を削除しました。また、❶直後では具体例を1つずつ挙げていたため「、」を入れて読みやすくしていましたが、具体例を削除すると句読点が多く読みにくくなってしまうため、「その中で1番は、騒音でした。」の「、」もあわせて削除しました。また、❷に対応していた「騒音からは逃げられません。」も不要になるため削除しています。

以上の具体例を削る作業によって、文字数は139文字減って328文字となり、目標の300文字～ 400文字の間に収まりました。また、**具体例を削っただけなので、あらすじと見比べるとわかるように、文章の柱となるストーリーや主張はまったく変わっていません。**

POINT 文章量は具体例や引用文で調整する

文章量の調整では、あらすじの一部を削ったり追加したりして、話の流れをいじってはいけません。流れに影響しない具体例や引用文の追加や削除によって調整を行いましょう。

Section 28

質を一段高める読みやすい文章作成法

Category 編集 校正

文やパラグラフが長すぎたり、結論がわかりにくかったりすると、どんなにストーリーがしっかりしていても、文章は読みにくくなります。文字数の調整が終わったら、次は文章を読みやすくする作業をしましょう。

文章を読みやすくするポイント

本書ではスキルや経験には左右されない、意識すれば誰でもできる文章を読みやすくするポイントを紹介します。

■ 1文の長さは40 ～ 60文字以内

まず、下の文を見てください。

○○だが、××だということもわかり、△△と判断したのですが、□□だという意見もあったので、…、結果、●●という結論に至った。

日本語は、接続詞や接続助詞を利用するとどこまでも文が長くなるため、このように長々と続く文をよく見かけます。上の文なら、以下のように適度に区切るだけで、読みやすく、結論もわかりやすくなります。

○○だが、××だということもわかった。そのため、△△と判断したが、□□だという意見も頂いた。よって、…。結果、●●という結論に至った。

長く続く文は読みにくいので、できるだけ短く簡潔な文を書くようにしましょう。その際の目安として、**1つの文の長さは40 ～ 60文字以内**にすることに注意してください。

■ パラグラフ（段落）は5行以内にまとめる

パラグラフ（段落）が長い文章は非常に読みにくいです。**あまり活字が続くとどこを読んでいるのかもわからなくなってしまうので、1つのパラグラフは5行以内が適切です**。また、文章の内容を正確に伝えるために、意図的に改行を加え、メリハリのある文章にすることも大切です。

■ 文章が長くなる場合は結論を先に伝える

Webコンテンツはなかなか最後まで読んでもらえないので、長い文章では結論を先に伝えるようにしましょう。ただし、「結論→理由」構造は欧米の文章構造のため、日本人は結論を押しつけられている印象を受けがちです。なじみのある「理由→結論（原因→結果）」のほうが納得しやすいので、場合によって判断しましょう。

■ 重要なことは目立たせる

訪問者に伝えたいことや文章の結論など重要なことは、文字の色や太さを変えたり、表題として最初に置いたりして目立たせます。こちらの意図が伝わりやすくなり、利用者もポイントを正確に把握できるので読みやすくなります。

実践：読みやすい文章にする

■ A不動産の誘導文

新生活を快適に過ごすには、生活の基盤となる部屋選びは非常に重要です。
毎日の通勤や通学を考えると駅から近いことも重要ですし、バストイレも外せません。夏や冬のことを考えたら、エアコンも欲しいですし、車があれば駐車場も欲しいです。ペットを飼っている人は、ペットが飼うことができることも必須です。
では、快適な生活を送るために最も重要な、絶対外せない条件は何なのでしょうか？
駐車場は別に借りれば良いですし、バストイレも銭湯や共同のものを使うのも趣があって…なんて思えるかもしれませんし、エアコンは買い足せますが、騒音からは逃げられません。唯一のプライベート空間で、日頃の疲れを癒し快適な暮らしを送るためには、静かなことが最も大事な条件ではないでしょうか。

（322文字）

まず、**次の文は長いので1文当たり40 ～ 60文字以内になるよう短く切ります。**

駐車場は別に借りれば良いですし、バストイレも銭湯や共同のものを使うのも趣があって…なんて思えるかもしれませんし、エアコンは買い足せますが、騒音からは逃げられません。

↓

駐車場やエアコンなら、自分で用意できます。バストイレなら銭湯や共同のものを使えますし、趣を感じる人もいるでしょう。しかし、騒音からは逃げられませんし趣を感じる人もいないでしょう。

A不動産の誘導文に5行以上のパラグラフはないので、パラグラフの調整はいりません。しかし、**「結」のパートは少々長いので、結論を明確にするために以下の一文を追加し、目立たせるために改行も入れます。**

それは「静か」に生活することができることではないでしょうか。

加えて、**この文章の結論である「騒音」に関係している「静か」という言葉を、より目立つように「」でくくることにします**。これらを反映すると、以下のようになります。

新生活を快適に過ごすには、生活の基盤となる部屋選びは非常に重要です。
毎日の通勤や通学を考えると駅から近いことも重要ですし、バストイレも外せません。夏や冬のことを考えたら、エアコンも欲しいですし、車があれば駐車場も欲しいです。ペットを飼っている人は、ペットが飼うことができることも必須です。
では、快適な生活を送るために最も重要な、絶対外せない条件は何なのでしょうか？
それは「静か」に生活することができることではないでしょうか。
駐車場やエアコンなら、自分で用意できます。バストイレなら銭湯や共同のものを使えますし、趣を感じる人もいるでしょう。しかし、騒音からは逃げられませんし趣を感じる人もいないでしょう。唯一のプライベート空間で、日頃の疲れを癒し快適な暮らしを送るためには、**「静か」**なことが最も大事な条件ではないでしょうか。
（361 文字）

■ B不動産の誘導文

まず、長い文を適度な長さに調整する作業から始めます。特にそこまで長い文はありませんが、**以下の文は少々長いので、2つの文に分けます**（P.93参照）。

かつては、1度住むと数年は住み続ける人が多かったの**ですが、**様々なサービスの登場で引越しも楽に出来、更新料を考えると、敷金礼金の無い物件に引っ越せば、得な場合もあるのです。

かつては、引越の手間やコストから、1度住むと数年は住み続ける人が大半**でした。しかし、**様々なサービスの登場で引越しも楽になり、……

「承」にあたる第2パラグラフが少々長めですが、こちらは「起」を受けてのつなぎの文章で、特に結論をいいたい文章ではないので、結論を前に持ってくる必要はないでしょう。こちらも**文章の結論である「騒音」に関しては、より目立つように「」でくくっておきましょう**。これらを反映すると、以下のようになります。

実は最近、1、2年で引越しを繰り返し、様々な街で暮らすことを楽しむ人が増えているのを知っていますか？

かつては、引越の手間やコストから、1度住むと数年は住み続ける人が大半でした。しかし、様々なサービスの登場で引越しも楽になり、また、敷金礼金が無い物件も多くなったので、引っ越した方が得な場合もあるのです。だから、駅や街を見て、気に入ったらあまり部屋の条件にはこだわらず、気楽に引っ越してみる、そんな人が増えているのかもしれません。

しかし、最低限おさえておかないと後悔する条件もあるので注意が必要です。

Yahoo! 知恵袋に絶対に譲れないお部屋探しの条件という質問があり、その回答を見てみると、その中で1番は**「騒音」**でした。**「騒音」**は日々の生活で大きなストレスになるので、それだけはおさえてきましょう。

（348文字）

POINT　読みやすくSEO対策を効かせる編集作業

文章を読みやすくするために、「文の長さの調整」「パラグラフの調整」「長い文では結論が先」「重要事項の協調」の5点を行いましょう。

Section 29 SEO対策で重要なキーワード出現率に注意する

Category 編集 校正

単語ごとにスペースで区切られる英語などの言語と異なり、隙間なく単語が続く日本語はキーワードの判別が難しいため、テーマを表すキーワードを厳密に使い、検索エンジンにアピールすることが大切になります。

キーワードの適正出現率

私は写真撮影を趣味としていますが、スーツ姿でWebの話をしているときは写真に詳しいとは思われません。カメラを首から下げ、三脚を担ぎ、撮影方法を語っている姿を見て、周りの人は私の趣味が写真撮影であることを知ります。

同様に、検索エンジンも「不動産」や「物件」などの語句がタイトルやコンテンツ内に使われているとき、「不動産」に関連したコンテンツと判断します。**テーマを検索エンジンに伝えるには、テーマに関連した語句を明記する必要があるのです。**

■テーマの判定基準、出現率

検索エンジンは、出現率の高い語句を対象コンテンツのテーマと判断します。例えば「写真撮影」の話をするときに、「Web」や「SEO対策」、「ライティング」などの語句を使うのは困難ですが、「カメラ」や「三脚」といった語句はよく使います。このように、何か話したり何か書いたりするとき、テーマに関連する語句は自然と多く使われるものです。このことをふまえ、**検索エンジンはコンテンツに含まれている語句の中で、より多く使われる語句を、テーマを表す語句と判断します。**

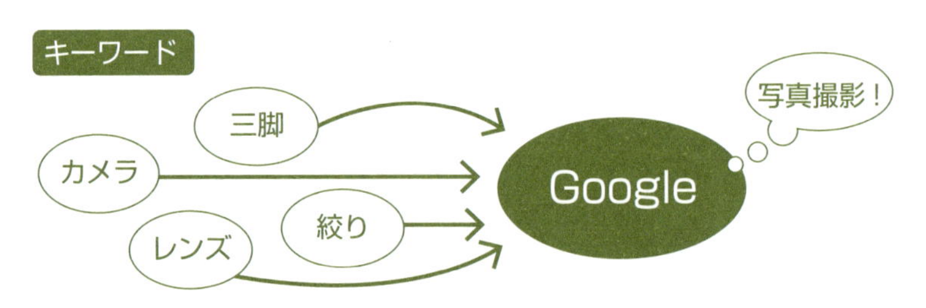

▲検索エンジンは、使われている語句から、対象コンテンツの内容を判断します。

キーワードの適正出現率

初期のSEO対策では、背景色と同色の文字や画面に表示されない文字を使って、対策したいキーワードの出現率を操作する対策が行われました。そのため、現在は特定のキーワードが多すぎると、検索エンジンをだます行為と判断されペナルティを受け、表示順位が下がります。つまり、**対策キーワードは入れすぎても入れなさすぎてもダメなのです。**

本質から考えると、SEO対策を意識せず、テーマに沿って自然に書いた文章の語句の出現率こそ、ペナルティを受けずに高い効果が発揮される出現率になるのですが、実際には意識しないとなかなかうまくいきません。まずは、以下の表を基準に出現率を調整しましょう。

キーワード	適正出現率
1番対策したいキーワード［第1キーワード］	5～7%
2番目に対策したいキーワード［第2キーワード］	4～5%
3番目に対策したいキーワード［第3キーワード］	3～4%

独自の調査では、出現率が3%をきるとSEO対策の効果は弱くなり、8%を超え9%に近づくとペナルティを受ける危険性が高まりました。**ペナルティを確実に避け、効果をしっかり発揮するために、対策キーワードの出現率は3%以上・7%以下が適正値になります。**

複数のキーワードを対策する場合、出現率をすべて7%にしようとすると、対策するキーワードが3つなら文章中の21%をキーワードにしなくてはならず、文章が書けません。複数キーワードの対策では、優先度に従って出現率に差をつけることで、高い成果を発揮する自然な文章を作成するのです。

実践：キーワードの反映

実際にこれまで作成してきた文章に、キーワードを反映する作業を行ってみましょう。しかし、文章中の語句を1語ずつ数え、出現率を確認し調整するのは大変で非効率的です。ここでは出現率をチェックできる無料ツール「ファンキーレイティング［FunkeyRating］」を利用して、効率的に作業をしましょう（Sec.72参照）。

対策キーワードは、完全一致と不完全一致の両方の例を作成できるように、「部屋探し」を分割し、「一人暮らし」「部屋」「探し」の3つとします（Sec.16参照）。出現率の目標値は、編集の最後に「見出し」を追加する際にもキーワードが追加されることをふまえ、それぞれ少なめの5%、4%、3%に設定します。

■ A不動産の誘導文

キーワードをいくつ増やせば（減らせば）目標の出現率になるかチェックします。

❶ P.228 手順❶〜❷を参考に「一人暮らし」「部屋」「探し」のキーワードを入力したら、目標出現率を 5%、4%、3% に設定し、<チェック>をクリックします。

チェック結果を確認すると、それぞれ以下の個数分不足していました。

- 「一人暮らし」→ 5 個
- 「部屋」→ 3 個
- 「探し」→ 3 個

それでは、実際にキーワードを反映するために、もとの文章を確認し、**まずは置き換えが可能に思われる部分を探しましょう**。

新生活を快適に過ごすには、生活の基盤となる部屋**選び**は非常に重要です。
毎日の通勤や通学を考えると駅から近いことも重要ですし、バストイレも外せません。夏や冬のことを考えたら、エアコンも欲しいですし、車があれば駐車場も欲しいです。ペットを飼っている人は、ペットが飼うことができることも必須です。
では、快適な**生活を送る**ために最も重要な、絶対外せない条件は何なのでしょうか？
それは「静か」に**生活**することができることではないでしょうか。
駐車場やエアコンなら、自分で用意できます。バストイレなら銭湯や共同のものを使えますし、趣を感じる人もいるでしょう。しかし、騒音からは逃げられませんし趣を感じる人もいないでしょう。唯一のプライベート空間で、日頃の疲れを癒し快適な**暮らし**を送るためには、「静か」なことが最も大事な条件ではないでしょうか。
（361 文字）

選択した語句をすべて置き換えても、どのキーワードも目標に達しないため、置き換えだけではなく追加もします。

快適に一人暮らしするためには、生活の基盤となる部屋**探し**は非常に重要です。毎日の通勤や通学を考えると駅から近いことも重要ですし、**部屋**にバスやトイレがあることも外せません。夏や冬のことを考えたら、エアコンも欲しいですし、車があれば駐車場も欲しいです。ペットを飼っている人は、ペットが飼うことができることも必須です。

では、快適に**一人暮らし**ができる最も重要な、絶対外せない**お部屋探し**の条件は何なのでしょうか？　それは「静か」に**一人暮らし**することができることではないでしょうか。

駐車場やエアコンなら、自分で用意できます。バスやトイレなら銭湯や共同のものを使えますし、**一人暮らし**の趣を感じる人もいるでしょう。しかし、騒音からは逃げられませんし趣を感じる人もいないでしょう。唯一のプライベート空間で、日頃の疲れを癒し快適に**一人暮らしをする**ためには、「静か」なことが**部屋探し**の最も大事な条件ではないでしょうか。

（396 文字）

テキストデータ の解析結果

	単語	出現数	出現率	調整数
1	一人暮らし	5	5.56%	調整不要
2	部屋	4	4.44%	調整不要
3	探し	3	3.33%	調整不要
4	快適	3	3.33%	
5	人	3	3.33%	
6	する	3	3.33%	
7	重要	3	3.33%	
8	できる	3	3.33%	
9	駐車	2	2.22%	
10	エアコン	2	2.22%	
11	欲しい	2	2.22%	

◀「ファンキーレイティング」でチェックをすると、それぞれのキーワードの出現率が目標値になったことが確認できます。

できた文章では、「一人暮らし」がかなりしつこく感じますが、これでも5%です。特定の語句が8%や9%も出現したら、違反の判定を受けるのも納得できるでしょう。

また、今作成している文章は、メニューやコンテンツ一覧などの共通領域が加えられ、Webページとして公開されます。**キーワード出現率はページごとに異なるメイン領域が大切になりますが、共通領域にも対策キーワードが入る可能性もあるので、出現率は少なめにして作成し、公開後にWebページ全体を見て調整しましょう。**

■ B不動産の誘導文

B不動産の誘導文についても、同様の作業をしましょう。P.100と同様の手順で、ファンキーレイティングに「一人暮らし」「部屋」「探し」の目標出現率を5%、4%、3%に設定します。チェック結果から、**不足数を確認したら、置き換え可能な個所を探します**。

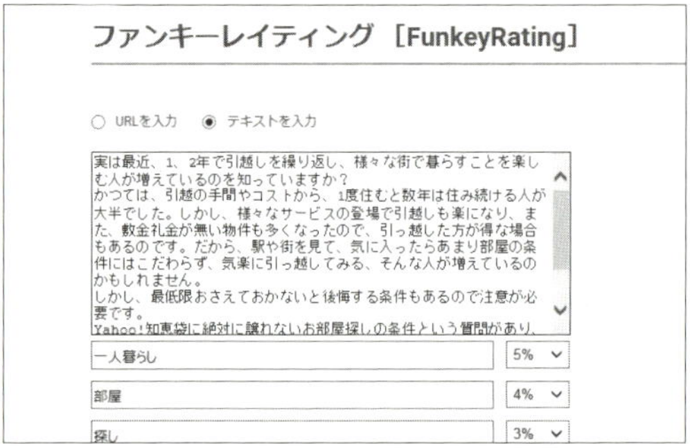

ファンキーレイティング［FunkeyRating］

○ URLを入力　◉ テキストを入力

実は最近、1、2年で引越しを繰り返し、様々な街で暮らすことを楽しむ人が増えているのを知っていますか？
かつては、引越の手間やコストから、1度住むと数年は住み続ける人が大半でした。しかし、様々なサービスの登場で引越しも楽になり、また、敷金礼金が無い物件も多くなったので、引っ越した方が得な場合もあるのです。だから、駅や街を見て、気に入ったらあまり部屋の条件にはこだわらず、気楽に引っ越してみる、そんな人が増えているのかもしれません。
しかし、最低限おさえておかないと後悔する条件もあるので注意が必要です。
Yahoo!知恵袋に絶対に譲れないお部屋探しの条件という質問があり、

一人暮らし	5%
部屋	4%
探し	3%

- 「一人暮らし」→ 5 個
- 「部屋」　　 → 2 個
- 「探し」　　 → 2 個

以上の個数分不足していました。もとの文章を確認しましょう。

実は最近、1、2 年で引越しを繰り返し、様々な街で**暮らすこと**を楽しむ人が増えているのを知っていますか？

かつては、引越の手間やコストから、1 度住むと数年は住み続ける人が大半でした。しかし、様々なサービスの登場で引越しも楽になり、また、敷金礼金が無い**物件**も多くなったので、引っ越した方が得な場合もあるのです。だから、駅や街を**見て**、気に入ったらあまり部屋の条件にはこだわらず、気楽に引っ越してみる、そんな人が増えているのかもしれません。

しかし、最低限おさえておかないと後悔する条件もあるので注意が必要です。

Yahoo! 知恵袋に絶対に譲れないお部屋探しの条件という質問があり、その回答を見てみると、その中で 1 番は「騒音」でした。「騒音」は日々の生活で大きなストレスになるので、それだけはおさえてきましょう。

（348 文字）

選択した語句をすべて置き換えると、それぞれのキーワードが右ページに記載した個数追加できます。**どのキーワードも目標値に届かないので、A不動産と同様、追加作業をします**。

- 「一人暮らし」→ 1 個
- 「部屋」→ 1 個
- 「探し」→ 1 個

実は最近、1、2 年で引越しを繰り返し、様々な街で**一人暮らし**を楽しむ人が増えているのを知っていますか？

かつては、引越の手間やコストから、**一人暮らし**でも 1 度住むと数年は住み続ける人が大半でした。しかし、様々なサービスの登場で引越しも楽になり、また、敷金礼金が無い**部屋**も多くなったので、**荷物も少ない一人暮らしなら**引っ越した方が得な場合もあるのです。だから、駅や街を**重視して探し**、気に入ったらあまり部屋の条件にはこだわらず、気楽に引っ越してみる、そんな人が増えているのかもしれません。

しかし、最低限おさえておかないと後悔する条件もあるので、**街を重視して一人暮らしの部屋探しをする際にも**注意が必要です。

Yahoo! 知恵袋に絶対に譲れないお部屋探しの条件という質問があり、その回答を見てみると、その中で 1 番は「騒音」でした。「騒音」は日々の生活で大きなストレスになるので、**快適な一人暮らしのために必ず**おさえてきましょう。

（404 文字）

キーワードの追加に伴い、文章量が404文字と目標の300 ～ 400文字の間を出てしまいましたが、4文字程度と次の「ムダを省く」作業で調整できそうなので、ここで調整はしません。また、2番目のパラグラフでは「部屋探し」を分割し、「部屋」と「探し」をそれぞれ反映する不完全一致の反映をしてみました。SEO効果は下がりますが、無理して「部屋探し」と反映するより、自然な文章が作りやすくなります。

検索エンジンは文脈の流れを把握し、言い換えなどもしっかり把握する方向に向かっていますが、送り仮名やスペースの入れる位置の違いですら、検索結果に影響が出るのが現状です。ですから、実践では少々読みにくくなってもキーワードを厳密にそのまま入れ、「一人で暮らす」や「探す」などと形を変えないようにしました。

POINT キーワードの入れすぎにご用心

キーワードは、強化したい順に従って、コンテンツ中に入れる量も調整します。ただし、どんなに強化したくても出現率が7%を超えないように注意しましょう。

Section 30

ムダを省き文章の完成度を高める

Category 編集 校正

文章を編集する作業の最後は、「ムダ」を省く作業です。この作業のあとは、レイアウトの調整や見出しをつける作業、そして誤字脱字をチェックする「校正」作業になるので、文章はここで完成させることになります。

省くべき「ムダ」要素

ムダを省き文章の完成度を高める作業は、あなたが選んだキャラクターに合わせて行うように注意してください。

ターゲットに親近感を与えるためブログ形式のWebサイトを作成し、ターゲットに近いキャラクターを設定している場合、文章が洗練させたことで親近感を持ってもらえなくなり、成果が下がってしまうこともあります。こちらでは、編集作業のステップの1つとして紹介しますが、状況に応じて作業を行ってください。

◀キャラクターや状況に合わせて編集しましょう。

■指示代名詞

これ、それ、これら、それら、この、その、前述の、後述の

文章中に指示代名詞があると、理解しにくいだけでなく、素人っぽくなってしまいます。また、できるだけ具体的なキーワードを利用したほうが、SEO対策も強化されるので、指示代名詞はできるだけ使わないようにしましょう。ただし、完全に省こうとすると文章がしつこくなってしまうので、対応はほどほどで構いません。

■ 流れでわかる接続詞

順接：すると、そして　**並列**：および、また
説明・補足：ちなみに、たとえば　**転換**：さて、では

文章の書き方を解説する多くの書籍を見ると、流れでわかる接続詞は、文章の位置関係を整理して、バッサリ削除してしまうように書いてあります。しかし、私はある程度残した方が関係性がより明確になるだけでなく、接続詞をうまく利用すれば強調や区切りを作れるので、文章が読みやすくなると思っています。**あまり無理してすべて削除しようとするより、文章全体の流れを重視しましょう**。

■ 冗長表現

ことができる、ものである、ている、こと、もの
同一語の重複（例：まず最初に、1 番最初に）

冗長表現は、文章の印象を稚拙にし、回りくどい印象を与えるので、できるだけなくしましょう。ただ、あくまで目的は利用者に読みやすく、印象の良い文章を作成することなので、すべて削除する必要はありません。

実践：文章のムダを省く

■ A不動産の誘導文

「指示代名詞」「流れでわかる接続詞」「冗長表現」の3点を意識して、A不動産の文章を見ていきましょう。以下は「ムダ」を青字にしたものです。

快適に一人暮らしする**ためには**、生活の基盤となる部屋探しは非常に重要です。毎日の通勤や通学を考えると駅から近い**こと**も重要ですし、部屋にバスやトイレがある**こと**も外せません。夏や冬の**こと**を考えたら、エアコンも欲しいですし、車があれば駐車場も欲しいです。ペットを飼っている人は、ペットが飼う**ことができること**も必須です。
では、快適に一人暮らし**ができる**最も重要な、絶対外せないお部屋探しの条件は何なのでしょうか？

それは「静か」に一人暮らしする**ことができること**ではないでしょうか。
駐車場やエアコンなら、自分で用意できます。バスやトイレなら銭湯や共同の**もの**を使えますし、一人暮らしの趣を感じる人もいるでしょう。しかし、騒音からは逃げられませんし趣を感じる人もいないでしょう。唯一のプライベート空間で、日頃の疲れを癒し快適に一人暮らしをする**ためには**、「静か」な**こと**が部屋探しの最も大事な条件ではないでしょうか。

（396 文字）

青字で示した「ムダ」を省いたのが以下の文章です。

快適**な一人暮らし**には、生活の基盤となる部屋探しは非常に重要です。
毎日の通勤や通学を考えると駅から近いことも重要ですし、部屋にバスやトイレ**も必要**です。夏や冬を考えたら、エアコンも欲しいですし、車があれば駐車場も欲しいです。ペットを飼っている人は、ペットが飼**えること**も必須です。
では、**快適な一人暮らしに**、絶対外せないお部屋探しの条件は何**でしょうか**？
一人暮らしで最も大事なのは、「静かさ」ではないでしょうか。
駐車場やエアコンなら、自分で用意できます。バスやトイレなら銭湯や共同のものを使えますし、一人暮らしの趣を感じる人もいるでしょう。しかし、騒音からは逃げられませんし趣を感じる人もいないでしょう。唯一のプライベート空間で、日頃の疲れを癒し快適に一人暮らしを**するには、「静かさ」**が部屋探しの最も大事な条件ではないでしょうか。

（360 文字）

冗長表現を中心に指示代名詞を削除し、文脈がつながるように文章を調整した結果、もとの文章から36文字減りました。ただし、**すべてのムダを省こうとすると、文章が固くなりすぎたり、しつこくなったりするので、文頭の接続詞「では」は削除せずに残しているほか、「こと」「その」「もの」などの指示代名詞も適度に残しています**。削除する程度は、目的に応じて臨機応変に調整してください。

■B不動産の誘導文

A不動産の誘導文と同様に、B不動産の誘導文でも削除できるムダをチェックし、必要に応じて削除します。青字の部分が修正を加えた部分です。

実は最近、1、2年で引越しを繰り返し、様々な街で一人暮らしを楽しむ人が増えているのを知っていますか？

かつては、引越の手間やコストから、一人暮らしでも1度住むと数年は住み続ける人が大半でした。しかし、様々なサービスの登場で引越しも楽になり、敷金礼金が無い部屋も多くなったので、荷物も少ない一人暮らしなら引っ越した方が得な場合もあります。だから、駅や街を重視して探し、気に入ったらあまり部屋の条件にはこだわらず、気楽に**引っ越す人**が増えているのかもしれません。

しかし、最低限おさえておかないと後悔する条件もあるので、街を重視して一人暮らしの部屋探しをする際にも注意が必要です。

Yahoo!知恵袋の絶対に譲れないお部屋探しの条件**の1番は**、「騒音」でした。「騒音」は日々の生活で大きなストレスになるので、快適な一人暮らしのために必ずおさえてきましょう。

（371文字）

こちらは指示代名詞と接続詞を削除し、それに伴い文章を調整しました。

どちらの誘導文もYahoo!知恵袋の情報を利用し作成しただけの文章ですが、それぞれ以下の広告文を続ければ、しっかりと役割を果たせる誘導文になっています。

人気条件を満たしたA不動産の物件から、特に「騒音」の心配のない物件を集めた特集をご覧ください。

様々な環境を楽しめる多くの特徴ある物件を扱うB不動産の物件の中で、「騒音」の心配のない物件を集めた特集を、是非ご覧ください。

POINT　すべての「ムダ」を省く必要はない

代表的なムダは「指示代名詞」「接続詞」「冗長表現」の3種類です。ただし、ムダは設定したキャラクターや文章の全体感に合わせて、ある程度残しても構いません。

Section 31

SEO対策を考慮したWebでの画像利用法

Category 編集 / 校正

見た目をよくし、よりわかりやすいコンテンツにするために画像を追加しますが、画像はSEO対策の効果はほとんどありません。見た目をよくしアクション率を高めるとともに、少しでもSEO対策に効く画像の利用法を理解しましょう。

SEO対策とWeb画像

SEO対策において画像はほとんど意味のない要素です。そのため、**見栄えばかりを重視した画像中心のWebサイトは、十分なSEO対策の効果を発揮できません。しかし、画像を上手に利用すれば、利用者の視線を誘導し、良いイメージを与え、理解を深める手助けになります。**

Webサイトにとって、画像は重要な要素です。しかし、画像に頼りすぎるのはよくありません。SEO対策とアクション率の兼ね合いを考え、その上で少しでもSEO対策に貢献する利用の仕方をしましょう。

- 1ページのリンクを妥当な数に抑えます。
- 情報が豊富で便利なサイトを作成し、コンテンツをわかりやすく正確に記述します。
- ユーザーがあなたのサイトを検索するときに入力する可能性の高いキーワードをサイトに含めるようにします。
- 重要な名前、コンテンツ、リンクを表示するときは、画像ではなくテキストを使用します。Google のクローラでは、画像に含まれるテキストは認識されません。テキスト コンテンツの代わりに画像を使用する必要がある場合は、alt 属性を使用して簡単な説明テキストを組み込みます。
- <title> タグの要素と ALT 属性の説明をわかりやすく正確なものにします。
- 無効なリンクがないかどうか、HTML が正しいかどうかを確認します。

▲Google の「デザインとコンテンツに関するガイドライン」にも、画像に含まれるテキストの内容は把握されないことは明記されています。

SEO対策を考えた画像の扱い

画像も利用の仕方によっては、SEO対策においてある程度効果を発揮します。反対に利用の仕方を誤ると、効果を発揮しないだけでなく、マイナスの効果を発揮したり、利用者の利便性が低くなってしまうこともあります。利用者の利便性を高めてアクション率を上げ、SEO対策にも貢献するように、次のポイントをおさえましょう。

■ 代替テキストを利用する

Webでは画像に「代替テキスト」という情報を追加できます。代替テキストは、画像が表示されなかった場合に画像を知るための情報や、目が見えない方のために音声ブラウザが読み上げる情報として利用されます。検索エンジンもこの代替テキストの情報を利用し、画像検索はもちろん通常の検索順位に画像の内容を反映します。

SEO対策の観点からは、代替テキストは画像の内容を簡潔に表すとともに、検索してほしいキーワード含む全角20文字以内の短文にします。

代替テキストを指定するタグ

<img src="http:// ○○ " alt=" ここに代替テキストを入力 ">

代替テキストは、HTML の alt 属性として img 要素内に記述します。

■ データサイズを小さくする

データ量の大きな画像を多用すると、Webコンテンツの表示速度が遅くなります。表示速度が遅いと利用者にストレスを与えアクション率が下がってしまうのはもちろん、検索エンジンの評価も高まりません。**画像のサイズは必要最小限の大きさにするとともに、保存形式も最適なものにするようにして、できるだけ軽い画像を利用しましょう。**

■ 幅と高さの指定

Webページを開いたとき、画像がなかなか表示されず、レイアウトが崩れたままのページが表示された経験を多くの方がしていると思います。**あらかじめ画像の幅と高さを指定しておけば、画像が表示されなくてもこうしたレイアウトの崩れが生じなくなり、結果として利用者の利便性を高めることができます。**

POINT SEO対策はテキストが基本

SEO対策において、画像はほとんど意味がありません。利用の際は代替テキストを入れ、データ量を極力小さくしましょう。また、幅と高さを指定すると、利用者の利便性が高まります。

Section 32

レイアウトを意識して高アクション率を実現する

Category 編集 校正

追加した画像の効果を高めるためには、Webページのレイアウトも大切です。視線の動きを考慮した適切なレイアウトは、より高いアクション率を実現します。ここでは、代表的な3つのレイアウトを紹介します。

視線の動きの3パターン

コンテンツが長くなってくると、テキストや画像、そして申し込みボタンなどのレイアウトによって、利用者が目的のアクションをする率が大きく変わります。このレイアウトに関しては、利用データや人間工学の観点からさまざまな説が唱えられていますが、**ここではまず、代表的な利用者の視線の動きのパターンを確認しましょう。**

グーテンベルグ・ダイヤグラム

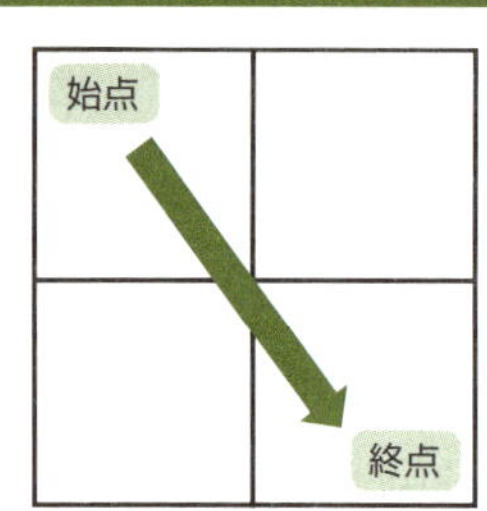

Zパターン

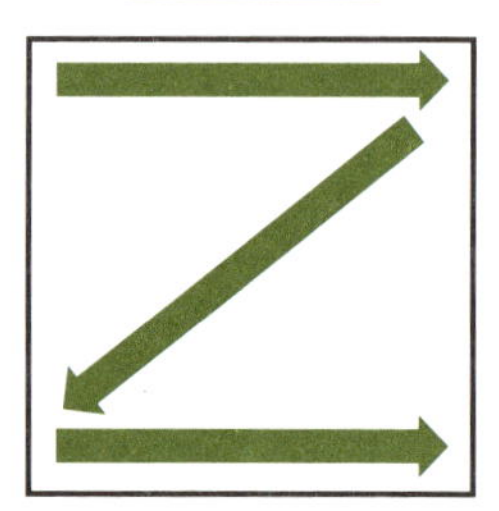

Fパターン

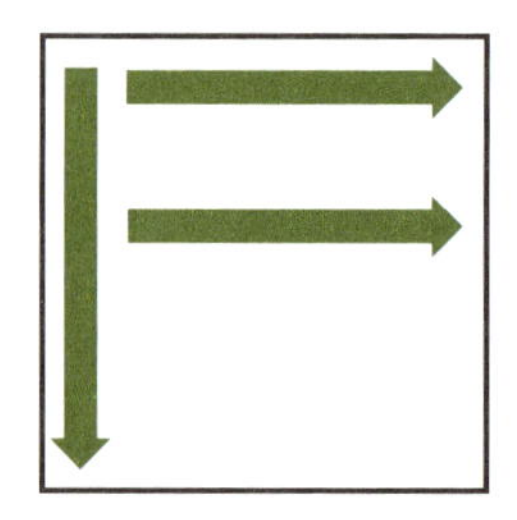

▲コンテンツを読む際の利用者の視線の動きを図式化した、代表的な3パターンです。利用者の視線の動きは、コンテンツの量と性質によって変化します。

コンテンツの特徴と視線の動き

■短く均質なコンテンツで見られるグーテンベルク・ダイヤグラム

グーテンベルク・ダイヤグラムは、本や雑誌などの出版物を念頭においたパターンです。均等に配置された同質のコンテンツを読む際の視線の動きを図式化しています。Webでは、対象のページを開いたとき、**スクロールなしで一覧できるぐらい短く、均質なコンテンツに限り、グーテンベルク・ダイヤグラムに従った視線の動きが予想されます。**

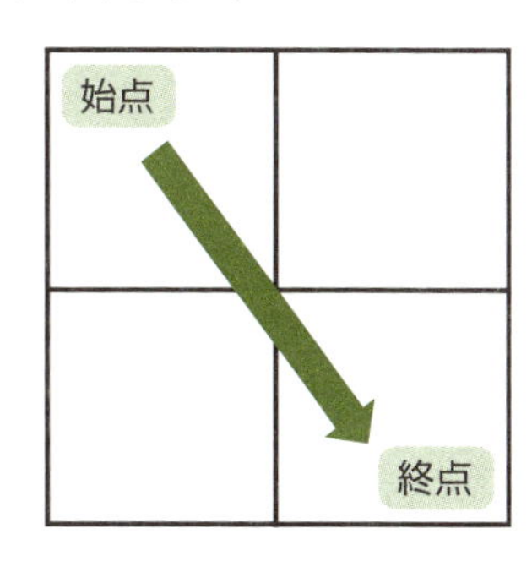

▲視線は左上から右下に移動します。

■斜め読みが難しいコンテンツで見られるZパターン

Zパターンは、グーテンベルグ・ダイヤグラムよりコンテンツ量が多く、縦スクロールを利用して読み進んでいく際の視線の動きのパターンです。Zパターンは細かく繰り返されることが多く、これは横書きの文章を1行1行読んでいく視線の動きと同じです。つまり、Zパターンは**ある程度しっかりと端から端まで読んでもらえることが予想される、斜め読みが難しいコンテンツで見られる視線の動きといえます。**

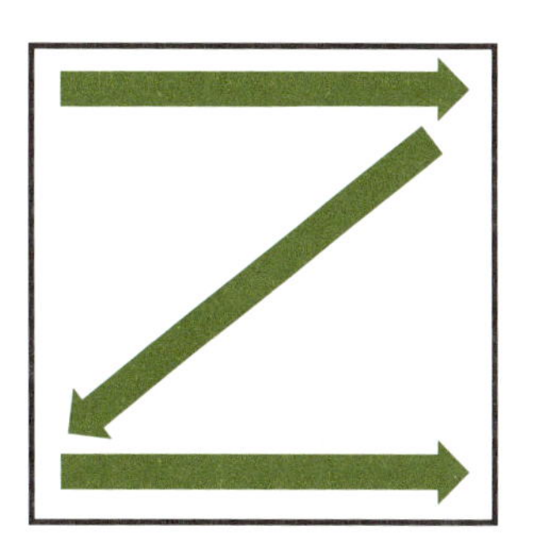

▲視線の軌跡がアルファベットのZ字を描き、一般的にはその視線の動きが繰り返されます。

■多くのコンテンツで見られるFパターン

Fパターンは、Zパターン同様コンテンツ量が多く、縦スクロールを利用して読み進んでいく際の視線の動きです。ただし、Zパターンとは異なり、流し読みする際の視線の動きになります。基本的にWebコンテンツは端から端まで読まれることはなく、また、スクロールなしでコンテンツの全体が見えることも少ないので、**Fパターンが Webコンテンツを見る際の、一般的な視線の動きになります。**

▲視線が下に進むにつれて右方向への動きが少なくなることで、視線の軌跡がアルファベットのF字を描きます。

視線の動きに対応したレイアウト

どのパターンも左上から視線がスタートするので、**ページのテーマなど、必ず見せたいロゴやタイトルは左上に配置します。**また、**コンテンツのスタート地点には商品やイメージ画像を表示して視線を誘導し**、自然な流れでコンテンツを読み始められるようにします。

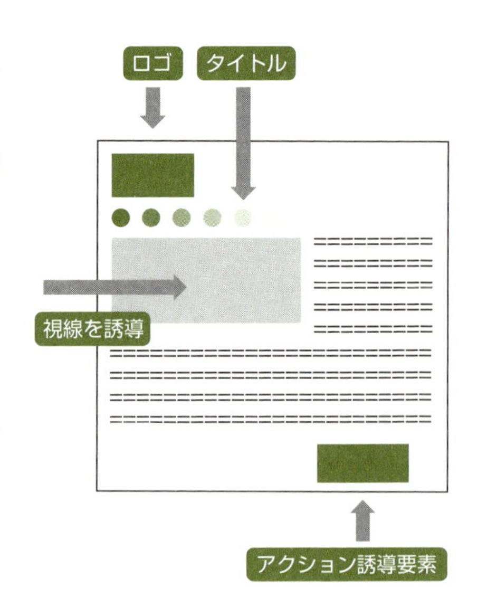

申し込みボタンなどのアクションに誘導する要素は、グーテンベルク・ダイヤグラムとZパターンで視線が終わる右下に配置します。一方、視線が右下に行かないFパターンでは、できるだけページの右上に配置し、下のほうに配置したい場合は左寄り、もしくは左右を貫くように配置します。

■ 視線を誘導する工夫

利用者の視線はレイアウトやデザインの工夫でも誘導できます。もっとも一般的なのは、文字の大きさを変えたり、色や枠囲い、背景色をつけたりして視線を誘導する方法です。

赤や黄色などの目立つ色は視線を誘導する力を持ちますが、利用時に注意が必要です。横書きのWebコンテンツでは文の流れに合わせ視線も左から右に動くため、視線をひく目立つ色が左端にないと、その要素より左側の要素は、読んでもらえないリスクがあるのです。目立つ色はなるべく左端におき、水平上のコンテンツが読みとばされることのないようにしましょう。

なお、視線の動きからは、アクションを誘導する要素は左に配置したほうが良いとされますが、右手でマウスを操作する場合、カーソルが画面の右に寄るので、アクションを誘導するボタンは右に置いたほうが良いという意見もあります。

POINT　レイアウトは視線の動きに合わせる

利用者の視線の動きは、「グーテンベルク・ダイヤグラム」「Zパターン」「Fパターン」に分類されます。視線の動きに対応したレイアウトを取ることが大切です。

Column レイアウトの肝！「ファーストビュー」

Webページを作成する際の重要な概念として、ファーストビューがあります。ファーストビューはWebページを開いたときに表示される領域のことを指し、そのページの利用者が最初に見る内容です。

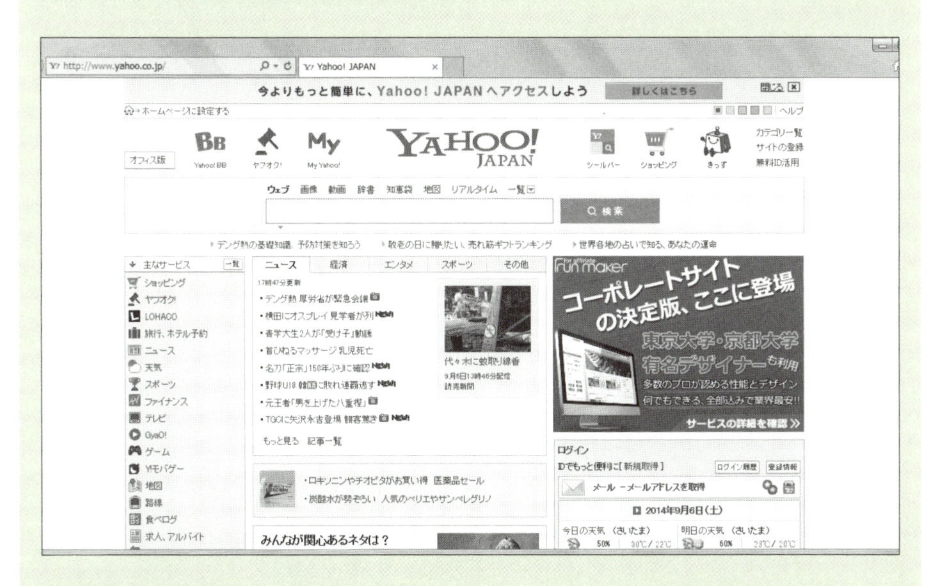

■ 3秒ルールとファーストビュー

3秒ルールとは、利用者は3秒間でコンテンツを読むか否かを判断するという法則です。多くの利用者は開いたページのファーストビューを見ただけで、読むか読まないかを決めるのです。つまり、ファーストビューで「得する」ことや「何だろう」と思わせる内容を伝える必要があります。

■ ファーストビューのサイズと要素

現在一般的に使われているディスプレイとブラウザの枠やスクロールバーを考慮すると、ファーストビューはもっとも狭い場合980×700pxほどの領域になります。この中に、ページの主題や提供するメリット、興味をひくワードなどを表示しましょう。また、わかりやすく信頼される見た目であることも重要です。

Section 33

読みやすい文章に!フォントと文字装飾

Category 編集 校正

コンテンツの「見た目」を左右する要素として、画像とレイアウトに加え、文字自体のフォントやサイズ、色についても触れておきます。画像、レイアウト、文字の3要素を最適化することで、利用者のアクション率は大きく変わります。

フォントと文字サイズの役割

コンテンツの印象は、利用するフォントによって大きく変わります。例えば、女子高生をターゲットとするコンテンツなら、堅い印象を与えるフォントよりポップでかわいらしいフォントを利用したほうが親近感を得られるでしょう。また、高齢者がターゲットのコンテンツの文字サイズが小さいと、利用者が読めない可能性があります。**基本は「誰に読んでもらうのか」をイメージし、受け入れられやすく読みやすいフォントや文字サイズ、色を選択することが大切です。**

コンテンツの印象を決めるフォント

一般的に、厳かな印象を与えたい場合は明朝系フォント、親しみのある印象を与えたい場合はゴシック系フォントを利用します。利用できるフォントから、最適なフォントを選びましょう。

厳か	明朝	こんにちは こんにちは
柔らかい	ゴシック	こんにちは こんにちは

MEMO **フォントの自由度を上げるWebフォント**

Webで利用できるフォントは非常に限られていますが、これを解消してくれるのがWebフォントです。サーバー上にアップしたフォントファイルを利用するため、利用者の環境に制約されず、さまざまなフォントを表示できます。Google Fonts (http://www.google.com/fonts)などを利用すれば簡単なので、興味がある方はチャレンジしてみましょう。

ポイントをしっかり伝える文字サイズ

コンテンツの文字の大きさは、ターゲットを考え、読みやすい大きさにすることが大切です。文字の大きさはサイトの印象やポイントを伝える際にも重要になるので、しっかりと意識しましょう。

■ 文字サイズ

文字を大きくすると読みやすくなりますが、新しさやスタイリッシュさがなくなります。一方で、文字が小さくなりすぎると読みにくくなるため、**文字サイズはできれば14px以上の大きさが望ましいところです。小さくても12px以上にしましょう。**

■ ジャンプ率

文字サイズに関しては、サイズそのものだけでなく変化の大きさにも注意が必要です。この文字サイズの変化の大きさをジャンプ率といい、文字サイズの変化が大きい場合ジャンプ率が大きいといいます。**ジャンプ率に関しては、一般的に大きいと躍動感がありポップな印象となり、小さいと静的で落ち着きがある印象となります。**

文章を読みやすくする文字装飾

ポイントとなる箇所を目立たせ、コンテンツの印象も左右するのが色や下線、斜字、太字などの文字装飾です。文字サイズの変化とともに利用し、**目立つ部分を見ていくだけであらすじがつかめるようにすれば、より確実に情報を伝えられ、アクション率も高まります。**Webではリンクの張られたテキストは青くするなど、一般的な使われ方があるので、文字を装飾する際にはWebスタンダードを意識することが大切です。

POINT 文字はサイトの印象を変え、読みやすくする

画像とレイアウトに加え、文字自体のフォントやサイズ、装飾もサイトの印象や伝わり方を変える重要な要素です。しっかり意識し、アクション率を高めましょう。

Section 34

SEO効果も抜群! 見出し作成法

Category 編集 / 校正

編集の最後は、文章をわかりやすくしSEO対策も強化する、見出しの追加作業です。見出しは、SEO対策の本では必ず触れられる、非常に重要な要素です。より高い集客力のあるコンテンツとなるよう、正しい方法で見出しを追加しましょう。

Webコンテンツにおける「見出し」とは?

Webコンテンツにおける見出しも、新聞や本などの「見出し」と同じく、章や節の最初に置かれる要点をまとめた短い言葉を指します。

Webでは、まとまりの大きさに合わせて6段階の見出しが利用でき、大きい見出しから順番に利用していきます。ただし、種類が多いとわかりにくくなりますし、SEO対策では多くの段階を利用すると効果が薄れるので、利用するのは大見出し、中見出し、小見出しの3段階だけにしましょう。

■見出しにおけるSEO対策

見出しはSEO対策において大きな効果を発揮するので、必ず強化したいキーワードをすべて入れます。ただし、1つの見出しの中に同じキーワードを何度も入れたり、30文字以上の長文にしたりしてはいけません。個別のポイントは以下の通りです。

大見出し(h1):強化したい上位3つのキーワードをすべて入れる
中見出し(h2):強化したいキーワードを1つずつ入れる
小見出し(h3):キーワードを入れなくてもよい

MEMO **見出しをマークアップするタグ**

Webコンテンツでは、見出しは「<hx> ～ </hx>」という目印で挟まれます。「x」は1～6までの値を取り、<h1>がもっとも大きい見出し、<h6>がもっとも小さい見出しです。

実践：見出しの追加

今回は300文字～ 400文字と短い文章なので、大見出しを1つと中見出しを2つだけ追加しましょう。ただし、大見出しの作成方法は次章のキャッチコピーで解説するので、ここでは、中見出しを2つ追加する作業だけを行います。強化するキーワードは引き続き「一人暮らし」「部屋」「探し」の3つにします。

■ A不動産の誘導文

まず、中見出しを2つ入れる場所を決めるために、A不動産への誘導文を意味の塊で2つに分けます。**「起承転結」の構成に従っている場合、2つに分けるなら話が変わる「転」の前、4つに分けるなら各パートごとに機械的に分けるだけで大丈夫です**。

分ける場所が決まったら、次は見出しの作成ですが、見出しはあらすじからすぐに作成できます。Sec.22で作成したA不動産のあらすじを確認しましょう。

起：新生活を快適に過ごすために部屋選びは非常に重要

承：お部屋選びには、様々なこだわりの条件がある

転：では、快適な生活を送るために最も重要な条件は何か

転：それは騒音だ

前半の「起」と「承」は、一般論と具体例を提示しながら、部屋選びではさまざまな条件が大切なことを強調しているので、見出しもそれをふまえたものにします。読み手の興味をひくために疑問形を使い、「一人暮らし」というキーワードを入れると、「一人暮らしを快適にする条件とは？」（16文字）という見出しができます。

また、後半の「転」と「結」ですが、結論を見出しに入れてしまうと読む動機を失わせてしまうので、見出しには「転」の内容だけを使います。残っているキーワードの「部屋探し」を入れ、「失敗しない、これが部屋探しのポイント！」（19文字）としてみましょう。

一人暮らしを快適にする条件とは？

快適な一人暮らしには、生活の基盤となる部屋探しは非常に重要です。

毎日の通勤や通学を考えると駅から近いことも重要ですし、部屋にバスやトイレも必要です。夏や冬を考えたら、エアコンも欲しいですし、車があれば駐車場も欲しいです。ペットを飼っている人は、ペットが飼えることも必須です。

失敗しない、これが部屋探しのポイント！

では、快適な一人暮らしに、絶対外せないお部屋探しの条件は何でしょうか？
一人暮らしで最も大事なのは、「静かさ」ではないでしょうか。
駐車場やエアコンなら、自分で用意できます。バスやトイレなら銭湯や共同のものを使えますし、一人暮らしの趣を感じる人もいるでしょう。しかし、騒音からは逃げられませんし趣を感じる人もいないでしょう。唯一のプライベート空間で、日頃の疲れを癒し快適に一人暮らしをするには、「静かさ」が部屋探しの最も大事な条件ではないでしょうか。

（395 文字）

文字数は目標の400字以内に収まっており、キーワード出現率もそれぞれ1%ずつ上がり6%、5%、4%となりますが、目標値内に収まっています。そして、最後に以下の内容の広告や文章を加えれば、「騒音のない物件特集」に誘導できます。

人気条件を満たした A 不動産の物件から、特に「騒音」の心配のない物件を集めた特集をご覧ください。

■ B不動産の誘導文

起：1、2 年で引越しを繰り返し、様々な街での暮らしを楽しむ人が増えている
承：便利なサービスの登場で引越しも楽だし、更新料を考えると損でもない
転：様々な街を楽しむなら、物件は最低限の条件を満たせばよいのではないか
転：騒音さえなければ問題ない

B不動産もA不動産と同じで、「承」と「転」の間で2つに分けます。B不動産の誘導文は、常識とは反対に各論から始めて一般論化していくストーリーなので、「起」と「承」は常識に反するインパクトの強い内容です。そのインパクトを伝え利用者の興味をひくために、「部屋探しの新しい形、登場！？」（14文字）ぐらいにするのが良いでしょう。

ここでは、キーワードとして「部屋探し」を入れています。

また、後半の「転」と「結」は新しい価値観を皆にも当てはまるかのように一般論化しているパートなので、少し断定的な表現にします。結論を入れてその先を読む動機を失わせないように気をつけ、「一人暮らし」を入れると、「これが、一人暮らしの必須条件！」（15文字）となります。

部屋探しの新しい形、登場！？

実は最近、1、2 年で引越しを繰り返し、様々な街で一人暮らしを楽しむ人が増えているのを知っていますか？

かつては、引越の手間やコストから、一人暮らしでも 1 度住むと数年は住み続ける人が大半でした。しかし、様々なサービスの登場で引越しも楽になり、敷金礼金が無い部屋も多くなったので、荷物も少ない一人暮らしなら引っ越した方が得な場合もあります。だから、駅や街を重視して探し、気に入ったらあまり部屋の条件にはこだわらず、気楽に引っ越す人が増えているのかもしれません。

これが、一人暮らしの必須条件！

しかし、最低限おさえておかないと後悔する条件もあるので、街を重視して一人暮らしの部屋探しをする際にも注意が必要です。

Yahoo! 知恵袋の絶対に譲れないお部屋探しの条件の 1 番は、「騒音」でした。「騒音」は日々の生活で大きなストレスになるので、快適な一人暮らしのために必ずおさえてきましょう。

（400 文字）

こちらもA不動産の誘導文同様、文字数も目標値に収まり、キーワードの出現率は、それぞれ1%ずつ上がり6%、5%、4%になりました。これに以下の内容の広告や文章を加えれば、目的の「騒音のない物件特集」に誘導できるイメージがわくと思います。

様々な環境を楽しめる多くの特徴ある物件を扱う B 不動産の物件の中で、「騒音」の心配のない物件を集めた特集を、是非ご覧ください。

POINT　見出しは読みやすさを向上させ、SEO対策も強化する

見出しは、より大きな見出しから順番に利用します。利用の際は、30文字以内で、1つの見出しに同一キーワードが複数含まれないように注意しましょう。

Section 35

リリース前の最終チェック「校正」

Category 編集 校正

編集作業によって文章ができたら、リリース前の最終チェック、校正作業をします。表記の間違いや不適切な表現がないかなどをチェックするとともに、キーワードの最終調整も行い、リリースできる状態にしましょう。

最終チェックする際のポイント

多くの人の目に触れさせる前に、最後のチェックが必要です。その作業が校正作業であり、以下の2つの作業をします。

STEP.1 間違いや禁止表現、難解表現などをチェックする
STEP.2 Web ページに反映した状態でSEO対策をチェックする

STEP1. 間違いや禁止表現、難解表現などをチェックする

→ Sec.36

誤字や誤変換、言葉の誤用などの間違いはもちろん、禁忌や不快語、誇大表現などの不適切な表現をチェックします。また、難しい言い回しや難読漢字も修正し、**誰もが安心して利用でき、正しく理解できる状態にします**。

STEP2. Web ページに反映した状態でSEO対策をチェックする

→ Sec.37

作成した文章は、メニューやコンテンツ一覧など、ほかのページと共通する要素が加えられた状態で公開されます。その際、**共通領域にあるテキストやキーワードの影響で、これまで調整してきた対策キーワードの出現率が大きく変わってしまうこともあります**。それを調整する作業です。

POINT 人に見られる前にちゃんとチェックする

リリース前には間違いや難しい表現の最終チェックを行いましょう。キーワード出現率は、Webページに反映した状態で最終調整し、より確実に成果が出るようにします。

Column

「完璧」へのこだわりがあなたを失敗させる！？

日々のコンサルティングやセミナーで、よくWebコンテンツの作成方法を説明する機会があります。皆さんに同じことを説明し、ノウハウを惜しみなく提供しているのですが、やはり成功する人と成功しない人がいらっしゃいます。成功と失敗を分ける、その違いは何なのでしょうか？

それは「完成度」へのこだわりの違いです。意外に思うかもしれませんが、「完璧」なコンテンツを作成しようする人は、なかなか成功できないのです。

■数をこなすことが大切

最初から「完璧」なコンテンツは作れません。何事もそうですが、スキルは数をこなすことで向上します。最初から「完璧」を目指しすぎると、なかなかコンテンツが完成せず、数をこなせません。そのため、「完璧」を目指しすぎるとスキルもなかなか向上しないのです。

■コンテンツあってのWeb サイト

基本的にコンテンツあってのサイトです。コンテンツがなければ、どんなに良いシステム、良い方法論を利用していても成果は期待でません。コンテンツのないWebサイトは、まったく店舗の入っていないショッピングモールのようなものです。誰も利用せず、また検索エンジンの評価も得られません。どのようなコンテンツだろうと、公開していくことからサイトは始まるのです。

■SEO対策には時間が必要

第1章のSEO対策の弱点でも解説しましたが、SEO対策ではどんなに良いコンテンツを作成しても、成果が出るまでに時間がかかります。裏を返せば、公開してすぐは人に見られないので、少し不備があっても問題ありません。つまり、公開直後は、コンテンツを量産し練習するチャンスなのです。Webコンテンツは簡単に修正できるので、スキルの向上に合わせ、人に見られる前に修正すればよいのです。「習うより慣れろ」、まずはドンドン作ることから始めましょう。慣れたころにはSEO対策も効きだし、良いサイクルが回り始めます。

Section 36

便利ツールで文章の間違いをチェックする

Category 編集 **校正**

リリースする前に、間違いはもちろん不適切表現や難しい言い回しなどのチェックを行います。最後のチェックは人が確認するべきですが、うまくツールを使えば、省力化できるとともに作業の精度も上げられます。

リリース前にチェックすべき項目

リリースする前にチェックすべき項目は、以下の4つです。

- **間違い**　：誤字、誤変換、誤用、ら抜き言葉などのチェック
- **禁止表現**：禁忌、不快語、虚偽、誇大表現などのチェック
- **難解表現**：当て字、難読漢字、難解な言い回しなどのチェック
- **環境変化**：環境依存文字のチェック

■ 無料ツールを使ってチェック

間違いチェックは、Microsoft Wordが便利です。「校閲ツール」の「スペルチェックと文章校正」機能を利用すれば、表現のミスや表記のブレなどが簡単にチェックできます。ただしMicrosoft Wordは有料ソフトなので、ここでは無料で使える便利なチェックツール「日本語文章校正ツール」を利用する方法を紹介します。**「日本語文章校正ツール」を利用すれば、最終チェック項目の「間違い」「禁止表現」「難解表現」「環境変化」の中のほとんどの項目をチェックできます**（Sec.68参照）。

文章の問題点をワンクリックで簡単チェック
いいね！ シェア 13
ツイート 107 +1 +54 Google でおすすめする
文章に言葉の間違いや不適切な表現が含まれていないか調べます。最終チェック時のあら探しに最適なツールです。公開前・納品前の校正作業にお役立てください。ブログの編集画面からのチェックや、IE8では画面上で範囲選択した文字列のチェックも可能です。
文章を入力　最大1万字まで。4千字未満を推奨。あまり多いと困ります。 クリア

日本語文章校正ツール
URL https://www.japaneseproofreader.com/

口と耳を使って最終確認

ツールは便利ですが、精度が完璧ではありません。冗長だったり難解だったりする言い回しの修正のためにも、最終チェックは人が行いましょう。

■ 声に出して口と耳でチェック

文章のチェックでは、声に出して読み、口と耳で確認することが重要です。読み手のリズムを崩しスムーズな理解を妨げる読みにくい部分は、目で見ているだけではわかりませんが、声に出すと口が回らずつっかえるので発見できます。書いた本人ではなく誰か初見の人に頼めれば、より効果的なチェックができます。

■ 時間を置いてクールダウン

皆さんも、夜書いたラブレターを翌朝読んで恥ずかしくなったことはないでしょうか。書いたときには完璧に思えた文章でも、時間を置いて読んでみると良くないと気づくことは頻繁にあります。

その原因の1つは、書いた直後は文の関係性やその背景を理解しているため、少しの言葉足らずや難解な言い回しも理解できますが、時間を置くと、文面だけで理解しなければならないからです。また、相手に何かをしてほしいとき、目的意識が強くなりすぎると、表現が極端になりやすいことも原因の1つです。**時間を置いて何回か確認すると、自分の書いた文章を客観的に見つめられます。**

実践：文章の最終チェック

■ A不動産の誘導文

「日本語文章校正ツール」にアクセスし、A不動産の誘導文をチェックします。チェック結果に該当語句の一覧と原文の該当箇所が表示されるので、内容を確認しましょう。

指摘された内容を確認すると、「大事」に関しては意味が違うので対応しませんが、「癒」に関しては、少々難しい漢字なので指示に従って平仮名にします。

チェック結果

修正を検討すべき可能性のある部分が3か所見つかりました。下記を参考に問題の有無を確認してみてください。

番号	該当語句	区分	問題種別	備考・言い換えの例
1	大事	難読	一般的にはより平易な表記が望ましい言葉	「おおごと」と読む場合は「大ごと」
2	癒	難読	一般的にはより平易な表記が望ましい言葉	癒や
3	大事	難読	一般的にはより平易な表記が望ましい言葉	「おおごと」と読む場合は「大ごと」

一人暮らしを快適にする条件とは？
快適な一人暮らしには、生活の基盤となる部屋探しは非常に重要です。
毎日の通勤や通学を考えると駅から近いことも重要ですし、部屋にバスやトイレも必要

一人暮らしを快適にする条件とは？
快適な一人暮らしには、生活の基盤となる部屋探しは非常に重要です。
毎日の通勤や通学を考えると駅から近いことも重要ですし、部屋にバスやトイレも必要です。夏や冬を考えたら、エアコンも欲しいですし、車があれば駐車場も欲しいです。ペットを飼っている人は、ペットが飼えることも必須です。

失敗しない、これが部屋探しのポイント！
では、快適な一人暮らしに、絶対外せないお部屋探しの条件は何でしょうか？
一人暮らしで最も大事なのは、「静かさ」ではないでしょうか。
駐車場やエアコンなら、自分で用意できます。バスやトイレなら銭湯や共同のものを使えますし、一人暮らしの趣を感じる人もいるでしょう。しかし、騒音からは逃げられませんし趣を感じる人もいないでしょう。唯一のプライベート空間で、日頃の疲れを**いやし**快適に一人暮らしをするには、「静かさ」が部屋探しの最も大事な条件ではないでしょうか。

（396文字）

ツールによるチェックが終わったので、声に出して読んでみます。すると以下の部分が引っかかったので、「部屋に」の部分を「部屋には」と変更します。

毎日の通勤や通学を考えると駅から近いことも重要ですし、**部屋にバスやトイレも必要です。**

毎日の通勤や通学を考えると駅から近いことも重要ですし、**部屋にはバスやトイレも必要です。**

以下は区切りがわかりにくく、読んでいてつまってしまったので、読点を追加します。

しかし、騒音からは逃げられませんし趣を感じる人もいないでしょう。

しかし、騒音からは逃げられませんし、趣を感じる人もいないでしょう。

キーワードの「一人暮らし」「部屋」「探し」の周辺で少々違和感のあるところはありますが、SEO対策を重視しているので、以上の修正のみにとどめます。

一人暮らしを快適にする条件とは？
快適な一人暮らしには、生活の基盤となる部屋探しは非常に重要です。
毎日の通勤や通学を考えると駅から近いことも重要ですし、部屋にはバスやトイレも必要です。夏や冬を考えたら、エアコンも欲しいですし、車があれば駐車場も欲しいです。ペットを飼っている人は、ペットが飼えることも必須です。

失敗しない、これが部屋探しのポイント！
では、快適な一人暮らしに、絶対外せないお部屋探しの条件は何でしょうか？
一人暮らしで最も大事なのは、「静かさ」ではないでしょうか。
駐車場やエアコンなら、自分で用意できます。バスやトイレなら銭湯や共同のものを使えますし、一人暮らしの趣を感じる人もいるでしょう。しかし、騒音からは逃げられませんし、趣を感じる人もいないでしょう。唯一のプライベート空間で、日頃の疲れをいやし快適に一人暮らしをするには、「静かさ」が部屋探しの最も大事な条件ではないでしょうか。

（398 文字）

B不動産の誘導文

B不動産の誘導文についても、同様の作業をしましょう。「日本語文章校正ツール」で、B不動産の誘導文をチェックすると、右のような結果が得られました。

番号	該当語句	区分	問題種別	備考・言い換えの例
1	引越し	難読	一般的にはより平易な表記が望ましい言葉	引っ越し（会社名などの場合は、それぞれの表記にあわせる）
2	様々	難読	一般的にはより平易な表記が望ましい言葉	さまざま
3	様々	難読	一般的にはより平易な表記が望ましい言葉	さまざま
4	引越し	難読	一般的にはより平易な表記が望ましい言葉	引っ越し（会社名などの場合は、それぞれの表記にあわせる）
5	無	難読	一般的にはより平易な表記が望ましい言葉	な

「様々」「無」は指示に従い反映しますが、「引越し」は不動産屋のコンテンツでは重要なキーワードなので、キーワードプランナー検索件数を確認してから結論を出すことにします。

Googleアドワーズのキーワードプランナーで「引越し」「引っ越し」「引越」の3つの語句を調べると、「引越し」の検索件数がもっとも多いことがわかりました。また、「引越し」には「引越」が含まれるので、包含関係からも今のまま「引越し」を利用するのが良いでしょう。

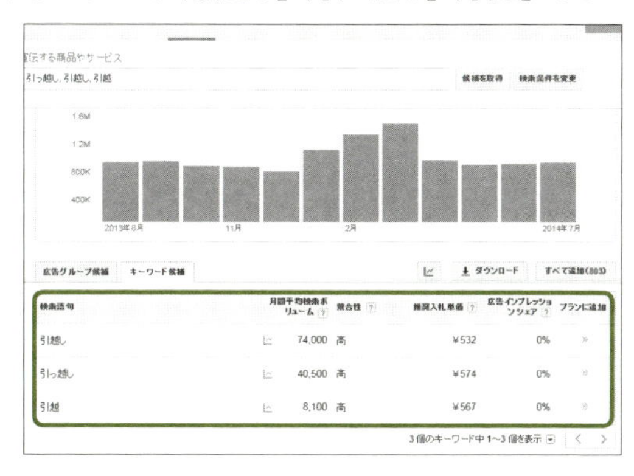

部屋探しの新しい形、登場！？

実は最近、1、2 年で引越しを繰り返し、さまざまな街で一人暮らしを楽しむ人が増えているのを知っていますか？

かつては、引越の手間やコストから、一人暮らしでも 1 度住むと数年は住み続ける人が大半でした。しかし、さまざまなサービスの登場で引越しも楽になり、敷金礼金がない部屋も多くなったので、荷物も少ない一人暮らしなら引っ越した方が得な場合もあります。だから、駅や街を重視して探し、気に入ったらあまり部屋の条件にはこだわらず、気楽に引っ越す人が増えているのかもしれません。

これが、一人暮らしの必須条件！

しかし、最低限おさえておかないと後悔する条件もあるので、街を重視して一人暮らしの部屋探しをする際にも注意が必要です。

Yahoo! 知恵袋の絶対に譲れないお部屋探しの条件の 1 番は、「騒音」でした。「騒音」は日々の生活で大きなストレスになるので、快適な一人暮らしのために必ずおさえてきましょう。

（404 文字）

表記変更でオーバーした4文字は、最終チェック後に解消しなかったら対応します。声に出して読むと、以下の部分が長く読みづらいことがわかります。また、ここは1文の長さの適正値、40 ～ 60文字からも外れているので修正します。ただし、キーワードの「一人暮らし」と「部屋探し」を削ったり、形を変えたりしてはいけません。

さまざまなサービスの登場で引越しも楽になり、敷金礼金がない部屋も多くなったので、荷物も少ない一人暮らしなら引っ越した方が得な場合もあります。

さまざまなサービスの登場で引越しも楽になり、敷金礼金がない部屋も**多くなりました**。荷物も少ない一人暮らしなら、引っ越した方が得な場合も**あるのです**。

しかし、最低限おさえておかないと後悔する条件もあるので、街を重視して一人暮らしの部屋探しをする際にも注意が必要です。

しかし、**街を重視した一人暮らしの部屋探しでも、最低限おさえておきたい条件はあります**。

以下は「一人暮らし」というキーワードを無理に入れたことで流れが悪くなっているので、2つに分割し、流れを完全に切ってしまう方法で対応します。

「騒音」は日々の生活で大きなストレスになるので、快適な一人暮らしのために必ずおさえてきましょう。

「騒音」は日々の生活で大きなストレスに**なります**。快適な一人暮らしのために、必ずおさえ**たい条件です**。

以上を反映すると、文字数も目標値内に収まり、再調整する必要がなくなります。

部屋探しの新しい形、登場！？
実は最近、1、2年で引越しを繰り返し、さまざまな街で一人暮らしを楽しむ人が増えているのを知っていますか？

かつては、引越の手間やコストから、一人暮らしでも1度住むと数年は住み続ける人が大半でした。しかし、さまざまなサービスの登場で引越しも楽になり、敷金礼金がない部屋も多くなりました。荷物も少ない一人暮らしなら、引っ越した方が得な場合もあるのです。だから、駅や街を重視して探し、気に入ったらあまり部屋の条件にはこだわらず、気楽に引っ越す人が増えているのかもしれません。

これが、一人暮らしの必須条件！
しかし、街を重視した一人暮らしの部屋探しでも、最低限おさえておきたい条件はあります。

Yahoo! 知恵袋の絶対に譲れないお部屋探しの条件の1番は、「騒音」でした。「騒音」は日々の生活で大きなストレスになります。快適な一人暮らしのために、必ずおさえたい条件です。

（391文字）

POINT　最終チェックはツールと口と耳で行う

「間違い」「禁止表現」「難解表現」「環境変化」はツールを使ってチェックします。最後は自分の口と耳を使って、難解な言い回しなどをチェックしましょう。

Section 37

Webページのキーワード出現率を調整する

Category 編集 校正

作成した文章が公開され、Webページの一部になると、メニューやコンテンツ一覧などの共通要素が加わりキーワードの出現率が変わります。公開後、Webページ全体でもキーワードが計画通り反映されているか確認し、必要に応じて調整しましょう。

公開によるキーワード出現率の変化

作成した文章を公開すると、メニューやコンテンツ一覧など、ほかのコンテンツと共通の要素が加えられます。そのため、**共通領域にあるテキストやキーワードの影響で、折角調整したキーワードの出現率が大きく変わってしまうこともあります**。それらをチェックし、必要に応じて調整します。

■ 共通領域の与える影響

基本的にコンテンツの評価は、メイン領域に表示されるページごとに異なる個別コンテンツで行われるべきです。たとえ不動産投資に関するコンテンツがカメラ屋さんのサイトに公開されたとしても、内容が素晴らしいなら不動産のコンテンツとして評価されるべきでしょう。共通領域のメニューやコンテンツ一覧に含まれるカメラ関連の語句の影響で、カメラ関連のコンテンツとされるのは、利用者にとってもマイナスです。

ただ、検索エンジンはコンテンツの質を完全には判断できないので、補完手段として外部リンクとともに、対象サイトが専門とする分野の情報も利用します。このことから本書では、まず評価の中心となる個別コンテンツのキーワード出現率をチェックし、公開後、補完要素である共通領域を含めたページ全体の出現率もチェックし、最終調整する流れを取っています。

キーワードの最終調整

公開後のキーワードの出現率の確認も、ファンキーレイティングを使用しましょう。

■ Webページにおける出現率の確認

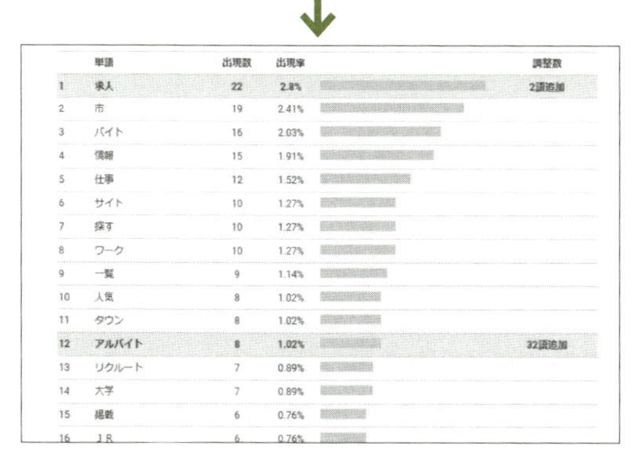

	単語	出現数	出現率	調整数
1	求人	22	2.8%	2語追加
2	市	19	2.41%	
3	バイト	16	2.03%	
4	情報	15	1.91%	
5	仕事	12	1.52%	
6	サイト	10	1.27%	
7	探す	10	1.27%	
8	ワーク	10	1.27%	
9	一覧	9	1.14%	
10	人気	8	1.02%	
11	タウン	8	1.02%	
12	アルバイト	8	1.02%	32語追加
13	リクルート	7	0.89%	
14	大学	7	0.89%	
15	掲載	6	0.76%	
16	JR	6	0.76%	

❶ ファンキーレイティング（http://funmaker.jp/seo/funkeyrating）の「URLを入力してください」と表示されたテキストボックスにチェックしたいページのURLを入力します。「ターゲットのキーワード」に対策キーワードを入力し、目標出現率を選択したら、<チェック>をクリックします。

❷ 入力したキーワードの現在の出現率と、あといくつ増やすと（減らすと）目標の出現率になるかが表示されるので、それを参考にキーワードを調整します。

MEMO　以外に大切！？キーワードの物理的分布

キーワードを反映する際は、どれだけ反映するかという「数」がポイントになるとともに、どこに反映するかという「場所」もポイントになります。キーワードが共通領域にあるか個別コンテンツにあるかということ以外にも、キーワードが一箇所に集中しているか分散しているかによっても効果は変わります。キーワードがページ全体にまんべんなく分散している場合は、コンテンツ全体に渡るテーマになっていると判断できるため、より高い効果が期待できます。

■ 結果の判断方法

Webページ内のキーワード出現率の確認では、以下の3点をチェックします。

- 出現率が 8% を超えているキーワードがあるか
- 第 1 キーワードより出現率の高いキーワードがあるか
- 第 1 キーワードの出現率が 3% を切っているか

この3点をチェックし、当てはまる項目があったら、以下の対応をします。

- 出現率が 8% を超えているキーワードの出現率を 7% 以下にする
- 第 1 キーワードの出現率が 1 番高くなるように調整する
- 第 1 キーワードの出現率が 3% を超えるように調整する

さまざまな意見があり、見解が分かれるところですが、**これまで調整してきたメイン領域に表示される個別コンテンツにおいて、対策するキーワードの出現率がしっかり調整できていれば、Webページ全体の出現率には過敏になる必要はありません**。その理由としては、以下の3点が挙げられます。

- そもそもページの評価は、そのページ特有の個別コンテンツを重視して行うべき
- 検索エンジンは文意をつかみキーワードに依存しすぎない方向に進んでいる
- 入れすぎのペナルティのほうが微妙な調整によるメリットよりはるかに大きい

日本語の表記や特有の文法により、SEO対策においてまだまだキーワードを反映していくことは重要です。しかし、徐々にキーワードの数より文意が大切になってきているので、キーワード出現率ではなく、より魅力的な文章を作成することを重視しましょう。

POINT　Webページ全体での出現率には過敏にならない

Webページ全体でのキーワードの出現率は、特定キーワードの出現率が8%を超えている場合以外、過敏にならないで大丈夫です。

効果的なキャッチコピーを生み出そう

Section 38 SEO対策とキャッチコピー

Category コピーライティング／効果の高いコピー

本章では、これまでのコンテンツ作成作業から少し離れ、作成したコンテンツをより効果的に広めるためのキャッチコピーの作成方法を解説します。SEO対策を強め、より利用者を呼び込む、そんなキャッチコピーの作成方法を身につけましょう。

キャッチコピーの役割

広告の世界では、広告の効果は50～75%が見出しで決まるといわれており、ほとんどの人が見出しを見て、その下に続くコンテンツを読むか否かを決めているといわれています。そのため、**キャッチコピーを工夫することで、Webサイトの成果は大きく変わります。**

一般的なキャッチコピーは、以下のことを目的に作成されます。

- ターゲットの注意をひき、興味を持たせ、行動を起こさせる

キャッチコピーは、見た人に気づかれなければ意味がありません。そのためにも、まず、注意をひくインパクトが必要です。次に、コンテンツや対象の商品に興味を持ってもらう必要があります。そして、そのまま目的のアクションを行ってもらえれば、キャッチコピーの目的は達成されます。

ただし、これらの役割はあくまで一般的なキャッチコピーの役割にすぎません。**Webのキャッチコピーには Web特有の役割があります。それをおさえなければ、Webにおいて期待の成果を上げることはできません。**

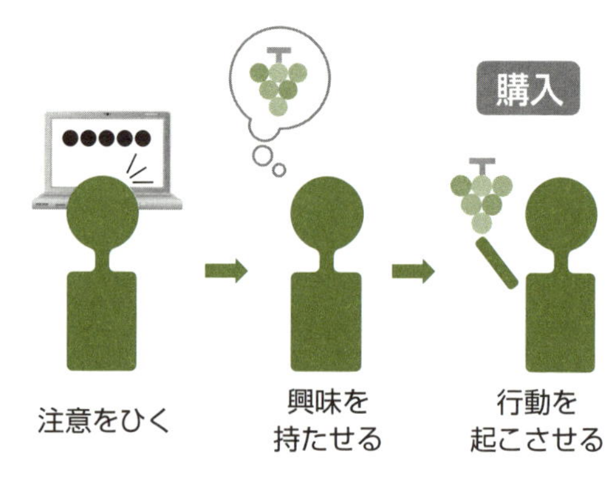

▲最終的にアクションを起こさせることが、キャッチコピーの目的です。

 キャッチコピーのWeb特有の役割

Webコンテンツにおいて、「ターゲットの注意をひき、興味を持たせ、行動を起こさせる」ためには、キャッチコピーをどこに表示すれば良いのでしょうか。答えは右記の2ヶ所です。

- 検索結果の一覧
- 各ページのタイトル

もちろん広告を出しているのなら、そこも対象になりますが、**Webコンテンツのキャッチコピーは検索結果において「このページを見たい」と思わせてクリックさせること、そして、Webサイトの訪問者に、「このコンテンツは面白そうだからしっかりと読んでみよう」と思わせることをゴールとして作成されます。**

 Webにおけるキャッチコピーの必要条件

検索エンジンの検索結果には、Webページのタイトルが表示されます。そしてこのタイトルは、SEO対策において、もっとも効果が高く重要な要素です。ですから、Webコンテンツのキャッチコピーは、「注意をひき、興味を持たせ、行動を起こさせる」だけではなく、SEO対策のための役割も担う必要があります。そのため、Webコンテンツのキャッチコピーは、以下の条件も満たす必要があります。

- 強化したいキーワードをすべて入れる
- 検索結果で省略されないように全角 35 文字以内にする

検索結果に表示される文字数には上限があるとともに、あまり多くなりすぎると、それぞれのキーワードに対するSEO対策の効果も弱まってしまいます。そのため、**キャッチコピーは強化したいキーワードをすべて入れた上で、全角35文字を目安に作成する必要があります。**

POINT キャッチコピーもWeb特有の役割がある

Webにおけるキャッチコピーは、以下の役割を持ちます。

- **SEO対策の効果を発揮し、利用者を集客する**
- **注意をひき、興味を持たせ、行動を起こさせる**

Section 39

キャッチコピー作成時の5つのポイント

Category コピーライティング／効果の高いコピー

キャッチコピーの役割を確認したところで、今度は、キャッチコピーを作成する際のポイントをおさえておきましょう。心に響くキャッチコピーを作成するために、しっかりおさえておくべきポイントがあります。

キャッチコピー作成時の心構え

■ターゲットの立場になる

もっとも大切なことは、ターゲットの立場になって考えることです。

自分がターゲットだったら、どういわれたらアクションするか。これが、相手を動かす際の大前提です。そのために、第2章でトピックスを選んだ際に絞り込んだターゲットを、より具体的にイメージすることが大切です。

■明るい面やプラス面から書く

当たり前のことですが、**「明るい面、プラス面」から考え、作成することが大切です。**短いキャッチコピーの中に入れられる要素は限られています。その中にマイナス面を入れ、それを払拭するほどのプラス面を入れることは非常に難しいです。マイナス面を入れるのであれば、キャッチコピーの中ではなく、キャッチコピーの下に続くコンテンツにすべきです。必ず「明るい面、プラス面」に焦点を当て、キャッチコピーを作成しましょう。

▲キャッチコピーにはマイナス面は入れず、明るい面・プラス面だけを入れましょう。

キャッチコピー作成時の方針

■説得力のある理由を明示する

人を動かすには、「コンテンツを読むべき」「アクションすべき」説得力のある理由を伝えることが重要です。たくさんの情報があふれかえっている現在、「何か情報が得られる可能性がある」だけでは人はアクションしてくれません。アクションしてもらうにはアクションする理由が必要なのです。

■伝わることを重視する

キャッチコピーというと、何かこった表現や洗練された表現をしたがる方がいますが、大切なのは「どういうかより何をいうか」であり、**表現が洗練されていることより、意図が伝わることのほうが大切であることをしっかり理解してください。**

広告大賞などで表彰されるキャッチコピーの中には、思わずうなってしまうものもあります。しかし、広告効果という面では、効果をあまり発揮しないものが多いのも事実のようです。「どういうかより何をいうか」、「メッセージが伝わるか否か」がもっとも重要であることを肝に銘じましょう。

キャッチコピー作成時のポイント

■より多くの候補を出す

当たり前ですが、**より良いキャッチコピーを作成するためには、多くの候補を出すことも重要です。**プロが作成しても、1発で最高の案を出すことは困難です。「多作も才能」、より多くの案を出していく中で、洗練されたより良いキャッチコピーはできるものです。

POINT　すべての人が動く「説得力のある理由」は3つある

キャッチコピー作成時には、以下の5点に注意しましょう。

- ターゲットの立場になり、どういわれたらアクションするか考える
- マイナス面は入れず、必ず明るい面、プラス面から発想する
- ターゲットが、アクションすべき説得力のある理由を明示する
- 意図が伝わることを重視し、どういうかより何をいうかを考える
- 多作も才能。より多くの案を出し、その中から利用するものを選ぶ

Section 40

人が動く3種類の情報

Category コピーライティング 効果の高いコピー

より多くの人の心に届き、アクションを導くキャッチコピーには共通点があります。人が動くには理由があり、その理由には共通するものがあるからです。こちらでは、多くの人を動かす「説得力のある理由」に共通して含まれる、3種類の情報を紹介します。

何より刺さるお得情報

■得になる情報の3タイプ

キャッチコピーの中で、もっとも強力なのが「お得情報」です。お得情報には以下の3つのタイプがあります。

金銭的得な情報：すべてのアピールポイントの中でもっともわかりやすく効果的
ためになる情報：ノウハウ、豆知識など人気のポイント。マッチすれば効果的
限定情報：日本人は、「限定」のアピールポイントに非常に弱い

特に、「手っ取り早く簡単な方法で得できる」ということが伝えられれば、より効果は高まります。

・何もしないで家でゴロゴロしているだけで毎年 1 億円もらえる情報

といわれたら興味がわきませんか？ このキャッチコピーは特に読みやすいわけでもなく、特に印象的なわけでもありません。しかし、「手っ取り早く簡単に1億円がもらえる」それも「毎年」、これだけで十分アピールできるのです。

ただし、単に「何もしないで家でゴロゴロしているだけで毎年1億円もらえる情報」といわれても、あまりにウマい話すぎて怪しく思われてしまいます。ですから、この手のキャッチコピーには「手っ取り早く簡単な方法」であることを証明する、具体的な数字や第三者の意見を入れ、信頼性を高める必要があります。具体例は、右ページの「セットで使う好奇心をくすぐる情報」の解説をご覧ください。

実務で重要になる、新着情報

「お得情報」の次に強力なのが「新着情報」です。人は新しい知識に興味を示します。それが自分の興味のある分野ならなおさら知りたいと思うものです。ですから、このキャッチコピーを見て訪問した人は、その内容に興味を持っている可能性が高いので、そのアクション率も高くなる傾向があります。

また、値下げやノウハウには限界があるため、常にお得な情報を提供できるとは限りません。そのため、実務をやっていく上では、この「新着情報」に関するキャッチコピーをどれだけ効果的に作成できるかが重要になります。

セットで使う好奇心をくすぐる情報

もう1つ人の興味をひくのは、「好奇心」をくすぐるキャッチコピーです。ただし、**「好奇心」をくすぐるだけでアクションさせるのは難しく、「お得情報」や「新着情報」とセットで利用することでより高い効果を発揮します。**例えば、

- こうして儲かりました

という「お得情報」に「好奇心」を追加すると、以下のようになります。

- こんな簡単な方法で儲かるなんて！！

こうなれば、「どんな方法なのだろう？」と思うでしょう。また、これには「手っ取り早く簡単な方法で得できる」という要素も入っているので、信頼性を高めるために第三者の情報を加えると、以下のようになります。どこかで見たようなキャッチコピーになりませんか？

- あのホリエモンも驚いた。こんな簡単な方法で儲かるなんて！！

POINT　すべての人が動く「説得力のある情報」は3つある

人が動く理由はさまざまですが、以下の3つの情報は多くの人を動かします。

お得情報　新着情報　好奇心をくすぐる情報

Section 41 人が動く3種類の情報を反映する実践法

Category コピーライティング 効果の高いコピー

ここからは、効果の高い3種類の情報ごとに、実際に効果的なキャッチコピーを作る方法を解説していきます。そのためにまず、キャッチコピーを作成する対象の確認と、その作成条件を決めておきましょう。

キャッチコピーの作成対象

キャッチコピーの実践方法の解説においても、これから紹介する各方法を実際に利用してキャッチコピーを作成します。その際の題材には、**これまで作成してきたA不動産とB不動産への誘導文を利用し、その誘導文のキャッチコピーを作成します。**

ただし、「得になる情報」の「金銭的得な情報」や「限定情報」のように、実践方法によってはこれまで作成してきた誘導文にはない要素をアピールしてキャッチコピーを作成するものもあるので、その場合は、誘導文のキャッチコピーにこだわらない作例を提示します。以下は、本章でキャッチコピーを作成する際に、前提とする条件です。

● A 不動産

人気の条件を満たす多数の物件を扱う大規模な不動産屋

物件　　：人気条件を満たす優良物件

サービス：高レベルのサービスで高級路線を目指す

価格　　：価格優位性はない。基本的に値引きはせずに付加価値を提供

● B 不動産

多少の欠点はあるが、特徴のある物件を扱う中小規模の不動産屋

物件　　：欠点はあるが、特徴がありバラエティーに富む

サービス：売りにならずアピールできない

価格　　：価格優位性がある。基本的に値引きにより価値を提供

キャッチコピー作成時の条件

キャッチコピーを作成していく際に従う条件は、以下の通りです。

目的　　　：作成してきたそれぞれの誘導文への集客
キーワード：「一人暮らし」「部屋」「探し」の3語をすべて入れる
文字数　　：全角35文字以内

ただし、**題材に含まれない要素をアピールする方法の解説においては、キャッチコピーの目的を「それぞれの不動産屋への誘導」とします**。また、作成方針は以下の通りです。

- SEO対策がしっかり効くよう、キーワードをそのままの形で入れる
- 検索結果でクリックされることを目的とし、良し悪しはそれを基準に決める

キャッチコピーの作成では、検索結果に表示されることが大前提となります。プロのコピーライターは、より短く、より簡潔なコピーを作成しようとしますが、Webにおいて効果の高いキャッチコピーを考える際は、**コピーが長くなり少し文章の流れがおかしくなっても、SEO対策のために強化対象のキーワードを忠実に反映することが大切です**。

A不動産

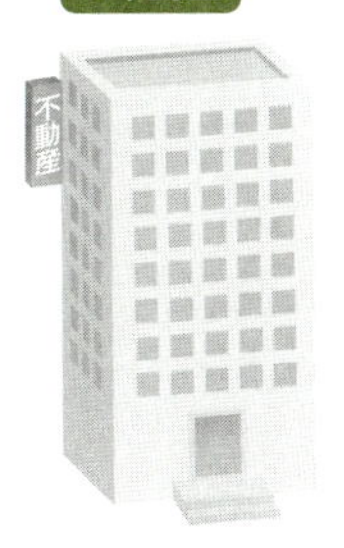

B不動産

▲A不動産とB不動産それぞれの特徴をつかんだ上で、キャッチコピーを考えてみましょう。

POINT　A不動産とB不動産への誘導文のキャッチコピーを作成

集客を最優先し、その上で検索結果でしっかりとクリックされるキャッチコピーを作成します。作成時は、以下の3つの条件に従います。

目的　キーワード　文字数

Section 42

「お得情報」その①金銭的にお得な情報

Category コピーライティング 効果の高いコピー

まずは数ある実践法の中でもっとも単純で、もっとも効果的な金銭的な「お得情報」に関する3つの実践法を解説します。どのような商品やサービスでも、重要な要素である価格をしっかりアピールできれば、非常に効果的なキャッチコピーになります。

金銭的に得な情報を提供する

「お金が儲かる」「無料でもらえる」などの金銭的なお得情報は、ターゲットの性別、そして年齢や趣向などさまざまな要素に左右されず、もっとも幅広い人が興味を持つ情報です。**もし「金銭的なお得情報」が含まれるコンテンツなら、まずはそれを前面に出す工夫をしましょう**(なお、以下の例では一部これまで作成してきたコンテンツのキャッチコピーとしては適さないものも含まれます)。

3つの実践方法

■ 割引価格

「割引価格」は、金銭的なお得情報の中でもわかりやすく効果的なタイプです。利用の際は、できるだけ具体的な数値を入れるようにしましょう。下のB不動産の例では、平均相場より年間で48万円安くなることをアピールします。これを四捨五入して「1年で約50万円」としたとたんに信憑性が薄れますが、「1年で477,180円」と細かくすると、しっかりとしたデータにもとづく印象を与え、より効果は高まります。

- A 不動産
  一人暮らしのお部屋を探している方限定。静かな優良物件が **20% OFF** !
  (34 文字)
- B 不動産
  1 年で **48 万円お得**。条件を絞った、一人暮らしのお部屋探し方法教えます
  (34 文字)

■ 無料提供

「無料提供」は、お得情報の中でももっとも効果的なタイプです。「無料」の文言が早く目に入るように、できるだけ前のほうに持ってくるようにしましょう。35文字以下のキャッチコピーでも最後まで読んでもらえないことは多いので、アピールポイントは前に持ってくるのが基本です。

ただし、A不動産は高級路線であり価格がウリではないので、割引率や無料の文言をうしろに入れます。一方、価格で勝負しているB不動産では、お得感を前面に出すために、前方にお得になる額や無料の文言を配置します。

- A 不動産
  失敗しない一人暮らしのお部屋探しマニュアル。ただ今、**無料プレゼント**中！
  （35 文字）
- B 不動産
  今なら**敷金礼金無料**。一人暮らしの方限定、お部屋探しのチャンスです！
  （33 文字）

■ 契約条件

契約の簡単さ、付帯条件のお得さをアピールするタイプです。テレビショッピングなどで「分割手数料無料」「送料無料」を強調しているのは、このタイプを利用しています。ほかに、「カード払い可」「分割払い可」なども効果的なアピールポイントとなります。

- A 不動産
  安心な部屋探し特集。**火災保険**のついた一人暮らしの物件集めました
  （29 文字）
- B 不動産
  保証人が不要な物件のご紹介！！一人暮らしのお部屋探しももう困りません
  （34 文字）

POINT　もっとも万能で幅広いターゲットに効く「金銭的な得」

金銭的なお得情報が、もっともアピールしやすく効果的に人を動かします。その際、アピールするポイントは以下の3タイプに分けられます。

割引価格　無料提供　契約条件

Section 43

「お得情報」その②ためになる情報

Category コピーライティング 効果の高いコピー

ノウハウ本やセミナーが人気なように、多くの人が「ためになる情報」をほしがっています。ですから、紹介するコンテンツに価格的な優位性がない場合は、「ためになる情報」を提供していることを明示するのも良い方法です。

ためになる情報を提供する

「ためになる情報」はその情報をほしがっている人には効果的ですが、「金銭的な得」ほど幅広い層にはアピールできません。例えば、Webコンテンツを作成しようとしている人にとって本書の情報は価値があっても、Webコンテンツを作成する気のない人にとっては価値がほとんどないのと同じことです。

2つの実践方法

■ 技術：「ノウハウ」「テクニック」「術」「○○する方法」

書店に行って、ビジネス書コーナーに並ぶ書籍のタイトルを確認してみましょう。「○○のノウハウ」「○○する方法」などのタイトルの本の多さに驚くと思います。人は苦労せず簡単に、ものごとをできるようになりたいと願っています。「学問に王道なし」といって、「コツコツ勉強しなさい」というのがもっとも正しい姿なのかもしれませんが、私もそのようなニーズに応え、Webのさまざまな分野のノウハウや方法論を提供し、仕事をしています。

多くの人が「裏ワザ」的な方法論を探しているので、上記のような語句を入れ、その情報が「ここにある」ことを明示するのも、非常に効果的な方法です。

- A 不動産
  素敵なお部屋探しの条件。一人暮らしを快適に**する方法**　(25 文字)
- B 不動産
  一人暮らしのお部屋探しで得する**ノウハウ**公開中！　(23 文字)

■ 助言：「ヒント」「ポイント」「アドバイス」

ノウハウやテクニックといえるほど、体系的にまとまっていない場合に利用するのが、この「助言」の形です。ためになる情報が1つしかなくても、「アドバイス」や「ポイント」といえば、特に問題はありません。今回題材にしている2、3章で作成してきたコンテンツも、「ノウハウ」というほどの情報はないので、以下のようなキャッチコピーのほうがより適当でしょう。

- A 不動産
  一人暮らしのお部屋を探している方への**アドバイス**　(23 文字)
- B 不動産
  一人暮らしをご検討中の方必見、絶対はずせないお部屋探しの**ポイント**とは？　(35 文字)

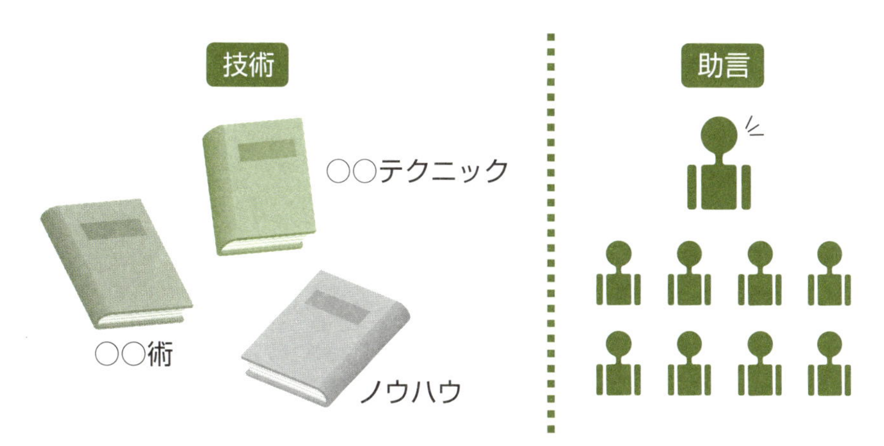

▲「技術」や「助言」を直接的に連想するキーワードは、「ためになる情報」を求める人を強力にひきつけます。

> **POINT　対象分野に興味のある人に効果的な「ためになる情報」**
>
> 「ためになる情報」は、ターゲットが明確化できていれば非常に効果的なアピールポイントとなります。その際、アピールポイントは以下の2タイプに分けられ、それぞれ内容を明示する語句を入れると効果が高まります。
>
> **技術　助言**

Section 44

「お得情報」その③ 限定情報

Category コピーライティング 効果の高いコピー

テレビショッピングやチラシでも使い古されていますが価格をしっかりアピールできれば、「限定」も人を強力にひきつける要素です。また、特に日本人は、この「限定」という要素に弱いというデータもあります。

限定性を明示する2つの実践方法

キャッチコピーで効果を発揮する「限定」は、「数量や地域」の限定と「期間」の限定に分けられます。**「数量や地域」の限定は希少性を明示し、お得感を演出します。また、「期間」の限定はタイムリミットを明示することで、決断を迫る効果があります。**「数量や地域」と「期間」という要素を取り入れたキャッチコピーの実際の作成方法は以下の通りです。

■ 数量や地域：「特別」「限定」「○○だけ」

- A 不動産
  年収 2 千万円以上の方**限定**。最高クラスの一人暮らしのお部屋探し
  （30 文字）
- B 不動産
  一人暮らしのお部屋を探している方、人気物件を**特別**価格でご紹介
  （30 文字）

■ 期間：「今なら」「今だけ」「○○まで」

- A 不動産
  4 月**まで**の特別プラン登場。A 不動産は一人暮らしのお部屋探しを応援します
  （35 文字）
- B 不動産
  一人暮らしのお部屋を探している方限定企画。**今なら**なんと仲介手数料無料！
  （35 文字）

「数量や地域」の限定と「期間」の限定をセットで使うと、より効果的です。

Column

キャッチコピーにユーモアは必要？

歴代の広告大賞を見ていくと、思わず膝を叩きたくなる面白いキャッチコピーがたくさんあります。では、Webライティングでも、ユーモアに富んだキャッチコピーを目標に作成するべきなのでしょうか？ 答えは「ノー」です。その理由を見ていきましょう。

■当たり外れが大きい

センスがある人は別として、多くの人は百発百中で良いユーモアを思いつきません。ユーモアを入れると多くの場合、集客効果は低下し、平均しても成果は下がってしまいます。広告大賞のキャッチコピーは、たくさんの候補の中の頂点です。簡単に真似できるものではないことを肝に銘じましょう。

■ターゲットが狭まる

ユーモアの好みも十人十色です。知的でスマートなユーモアを好む人もいれば、俗っぽいユーモアを好む人もいます。そのため、ユーモアを入れると、その人の好みによりターゲットが狭まります。より多くの人に効果的にアピールすることを狙っている本書の実践方法と比較すると、その効果が下がるのは自明のことです。

■文字数の限定とキーワードの明示

Webのキャッチコピーは、SEO対策のために全角35文字の中に複数のキーワードを入れる必要があります。ほかに入れられる要素も限られるため、ユーモアを追及すると、ほとんどの場合、伝えたい内容が伝わらなくなってしまいます。

▲ユーモアの好みは人それぞれ。すべての人にユーモアが伝わるとは限りません。

Section 45 人の目をひく「新着情報」

Category コピーライティング 効果の高いコピー

ある程度コンテンツを作成してくると、値下げやノウハウの情報は出尽くしてしまい、新製品の紹介や、従来製品の新しい使い方や改良点を知らせるコンテンツが多くなります。ここでは、頻繁に作成する「新着情報」のキャッチコピーの作成方法を解説します。

新着情報を提供する

もし「お得情報」がない場合、次に候補として考えるのが「新着情報」です。人は興味のある分野の新しい情報には、強い興味を示します。例えば、食べ歩きが趣味の人なら、新しいレストランの情報に興味を持つでしょう。Web関連の仕事をしている人は、Googleの新しい情報に敏感です。

しかし、人の興味はそれぞれ異なるため、「金銭的な得」のような万能性はなく、アクションしてくれる人は限られます。**「新着情報」タイプのキャッチコピーを作成する際は、ターゲットを明確化し、そのターゲットの目に触れるようにすることで、より大きな成果を得られるようになります。**

3つの実践方法

■「新」「初」から始める

もっとも万能な「新着情報」の明示方法です。新しい情報であることを明確にし、「新」や「初」という文字をキャッチコピーの先頭に持ってくることで、見た人すべてに対象のコンテンツが新しい情報を提供していることを伝えます。

- A 不動産
  新プラン登場！一人暮らしのお部屋探しをサポートする安心プランです（34 文字）
- B 不動産
  新常識！？一人暮らしのお部屋探しはこれさえあれば大丈夫！（28 文字）

■ 待望：「ついに」「とうとう」「いよいよ」

「ついに」「とうとう」「いよいよ」などには、**長い準備期間を経て、多くの人が待ち望んだ商品やサービスが登場するというような、あおりのニュアンスが含まれます**。そのため、効果的に用いれば、「新」や「初」より高い効果が期待できます。

- A 不動産
  ついに納得の決定版が登場です！一人暮らしのお部屋探しの注意点
  （30 文字）
- B 不動産
  とうとう発見！条件を絞ってお得に楽しく過ごす一人暮らしの部屋探し方法
  （34 文字）

■ 登場：「ご紹介」「発表」「登場」

「ご紹介」「発表」「登場」などの言葉は、**「新」や「初」とほぼ同じ効果を発揮しますが、もう少し強調されたニュアンスを持ちます**。文字数やニュアンスの違いで使い分けましょう。

▲「ついに」「待望」「新」などの言葉を使って関心を集めましょう。

- A 不動産
  発表します！一人暮らしを快適にするお部屋探しの注意点　（26 文字）
- B 不動産
  ご紹介します。一人暮らしを楽しくお得にするお部屋探しの新しいカタチ
  （33 文字）

POINT　ターゲットの興味をひく「新」着情報

上手にターゲットを絞り込めれば、「新着情報」も非常に効果的です。

「新」「初」から始める　待望　登場

Section
46「好奇心」をくすぐる

Category コピーライティング 効果の高いコピー

「得になる情報」や「新着情報」とセットで利用すると、その効果を大きく高められるのが、「好奇心をくすぐる情報」です。日頃は特に興味のない分野でも、クイズ番組で扱われていると、答えが気になり思わず最後まで見てしまうものです。

好奇心をくすぐる情報を提供する

まったく興味のない分野なのに、答えが気になって気づいたらクイズ番組を最後まで見てしまった。そんな経験をした方は、きっと多いはずです。

人は「なぜ」「どうしてだろう」と思うことに興味を持ちます。しかし、まったく興味のない分野では、そこまで大きな効果は期待できません。**「好奇心」をくすぐるタイプのキャッチコピーは、「得になる情報」や「新着情報」とセットで利用することで、大きな効果が期待できます。**

7つの実践方法

■ エピソード

通販番組でよく利用される方法です。**基本は興味をひきそうな成功談や失敗談を利用し、読み手の好奇心をくすぐります。**「一生懸命働いていたら、急に体調が悪くなり…」のような、物語が出てくると、自分が対象のコンテンツを利用したときに得られるメリットを、より明確にイメージできるようになります。

- A 不動産
  もっと前に知ってれば…。一人暮らしのお部屋探しの注意点こちらです
  （32 文字）
- B 不動産
  このお部屋探し方法で、私はお得に楽しく一人暮らしができています
  （34 文字）

■ 疑問：「なぜ」「どうして」

疑問を投げかける「なぜ」や「どうして」を**キャッチコピーの先頭に持ってくることで、読み手に「答えや解決策が知りたい」と思わせます**。好奇心をくすぐるタイプではもっとも一般的な方法で、さまざまな場面で利用できる方法です。

- A 不動産
  なぜ失敗してしまう？一人暮らしのお部屋探しで見落としがちなポイント
  （33 文字）
- B 不動産
  どうして高い部屋に住むのか？条件を絞ったお得な一人暮らしの部屋探し法
  （34 文字）

■ 理由：「○○だから」「理由」「わけ」

質問する「なぜ」や「どうして」とは反対に、「答え」があることを明示して好奇心をくすぐります。例えば、上記のA不動産の「なぜ失敗してしまう？一人暮らしのお部屋探しで見落としがちなポイント」をこの手法に合わせて書き換えると、「多くの人が、一人暮らしのお部屋探しで失敗してしまう理由」となります。

「なぜ」や「どうして」より、落ち着いた印象を与えますが、読み手に話しかける要素がない分、少しインパクトは弱まります。

▲「なぜ?」と思わせることで、見た人の好奇心をくすぐります。

- A 不動産
  一人暮らしのお部屋探しで、A 不動産が本当に満足できる**理由**　（29 文字）
- B 不動産
  お部屋探しはこの条件で大丈夫！私がお得に楽しく一人暮らしできる**わけ**
  （33 文字）

■警告：「警告」「注意」

「警告」はインパクトの強い表現なので、使用するときは注意が必要です。利用法によってはいかがわしい印象も与えるので、信用が大切な不動産にはあまり向かない手法です。内容を見極めた上で使いましょう。

- A不動産
  注意！一人暮らしのお部屋探しで失敗したくない方は必ずご覧ください
  （32文字）
- B不動産
  警告！部屋探しはムダばかり。お得な一人暮らしをしたい人はこれを見ろ！
  （34文字）

■方法：「どうやって」「このように」

「どうやって」は疑問を投げかける「なぜ」や「どうして」と同様に使用できます。また、「このように」は方法を提示する「だから」や「理由」などと同様に使用できます。文字数やニュアンスを考慮して使い分けましょう。

- A不動産
  このようにして、一人暮らしのお部屋探しで満足いく物件に出会いました
  （33文字）
- B不動産
  どうやって部屋探しをすれば、お得に楽しく一人暮らしができるのか？
  （32文字）

MEMO　キャッチコピーを工夫してSNSで共有を狙う

近年TwitterやFacebookなどのSNSが大きな力を持ってきており、そこで話題になれば、短期的に非常に大きな集客を見込めます。近年のSNSは、つながりがよりオープンになってきているため、多くの人に「デキル」「知識がある」「センスがある」と思われる情報が特に共有されやすい傾向があります。情報共有時にタイムラインなどで表示されるキャッチコピーに、「ニュース性」や「雑学的要素」を反映できれば、より共有されやすくなります。

■ 断定：「決定版」「究極」「至高」

「○○だから」や「理由」などと同様に、「答え」があることを明示して興味をひきます。ただし、その方法を強調して「断定」しているため、よりインパクトが強くなります。

- A 不動産
  快適な一人暮らしのお部屋探し**決定版**。はずすと後悔するポイントとは？
  （33 文字）
- B 不動産
  究極のお得な部屋探し術。一人暮らしはこれさえあれば大丈夫！　（29 文字）

■ 仮定：「もし○○なら、△△」

「もし○○なら、△△」という仮定法を使って、**ターゲットのニーズを想定し、解決策を提示する手法です**。さまざまな場面で利用できる、便利な定型文です。

▲ターゲットの抱える悩みを仮定し、解決策を提示します。

- A 不動産
  もし満足できる一人暮らしの部屋に出会いたい**なら**、こちらをご確認ください
  （35 文字）
- B 不動産
  もしお得で楽しい一人暮らしの部屋を探したい**なら**、こちらをご確認ください
  （35 文字）

POINT 「好奇心」はお得情報や新着情報とセットで利用

「お得情報」や「新着情報」に好奇心を加えられれば、その効果はより大きくなります。

エピソード　疑問　理由　警告　方法　断定　仮定

Section 47 人が動く！効果の高い6つのアピールポイント

Category コピーライティング 効果の高いコピー

キャッチコピーの解説の最後に、人が動くアピールポイントを確認しておきます。これまでの実践方法の中では「金銭」にのみ触れましたが、人が興味を持ち、アクションをしやすい分野がほかにも5つあります。

6つのアピールポイント

■ もっとも万能な「金銭」

「金銭」はもっとも万能で、もっとも効果的なアピールポイントです。お金が儲かるとか節約できるという話は、高い率でのアクションが期待されます。キャッチコピーも作成しやすいので、まずはこの「金銭」についてアピールできないか考えることから始めましょう。

儲かる　節約

お金が増える

▲「儲かる」や「増える」などの「金銭」に関わる情報は、多くの人が興味を持ちます。

■ 損得だけではない「名誉」

仕事場での地位はもちろん、地域や友人などのコミュニティー内での地位も含め、**すべての場所における地位や身分に関することへのアピールも効果的です。**人は誰かに認められたい、誰かに褒められたい、誰かに尊敬されたい…という承認欲求を持っています。それを満たしてくれる情報に関して、強い興味を持つのです。

■ 失って気がつく「健康」

「健康」も万人に共通したアピールポイントです。ただし、健康は問題が起こるまで「当たり前のもの」とされ、普段そこまで注目されません。そのため、**「健康」は万人に共通した非常に重要な分野ではありますが、人によって、あまり効果を発揮しないことが多々あります。**アピールする際には、ある程度ターゲットを絞り、具体的なイメージを持つことが大切です。

■ 一部に非常に効果的な「美容」

万人に効果的なわけではありませんが、女性などに非常に大きな効果を発揮します。ダイエットやエステ、美容整形などの分野がWebで盛んであることからもわかるように、これらの分野は利益率も大きく、また、一定以上の根強い利用者がいます。目的に合い、ターゲットが適合している場合は、「美容」に関してアピールすると大きな効果が得られます。

■ 一括では狙いがたい「喜び」

「喜び」は万人に共通する効果的なポイントですが、買いものをすることに喜びを感じる人もいれば、体を動かすことに喜びを感じる人もいるように、**人が喜ぶ対象はさまざまで、なかなか一括りでにアピールできない難点があります。**このことを知った上で、ターゲットが喜ぶのではないかと思われることを想像してアピールすれば、効果的なキャッチコピーが作成できます。

■ 最後はこれが大切「安心」

健康と同様に、問題のないときにはアピール力を発揮しませんが、やはり大事になってくるのが「安心」です。病気や事故への不安から解放されるために保険をかけ、老後の生活への不安から年金をかけます。**人は常に何かしらの不安があり、それから解放してくれる情報に関しては興味を持ち、アクションをするのです。**

▲それぞれのアピールポイントに適した言葉を使いましょう。

POINT　アピールポイントはターゲットに合わせて変える

効果的なアピールポイントは「金銭」だけではありません。ターゲットに合わせてアピールポイントも変えましょう。一般的に効果の高いアピールポイントは、以下の6分野です。

金銭　名誉　健康　美容　喜び　安心

Column

サービス内容を適切に伝える工夫

検索エンジンが普及した現在、Webサイトは本のように最初のページから順番に利用されるとは限りません。どのページから入ってきても、提供しているサービスが何かを知らせ、主要コンテンツを利用してもらえるように工夫するとともに、利用者が安心して利用できるように努める必要があります。

■ロゴの利用

すべてのページに共通で表示されるロゴの横や下に、サービス内容やスローガンを明記すると、どのページでもサービス内容や提供姿勢を理解してもらえます。有名な例としては、株式会社ファミリーマートの「あなたと、コンビに、ファミリーマート」や、株式会社日立製作所の「Inspire the Next」、アサヒビール株式会社の「すべては、お客様のうまいのために。」などが挙げられます。

ファミリーマート　社名の由来とロゴ

URL http://www.family.co.jp/company/familymart/companyname.html

日立グループ　Inspire the Next

URL http://www.hitachi.co.jp/about/corporate/identity/inspire/index.html

■サイト名の工夫

会社名などにサービス内容を入れるのは難しいですが、アフィリエイトサイトなどでは、FXを扱うサイトなら「FX.com」、ダイエットなら「ダイエット.com」など、比較的簡単にサービス内容を入れられます。サービス内容の入ったサイト名を全ページに表示すれば、どのページでもサービス内容がわかるようになります。

■サイドバーやフッターの利用

すべてのページに共通するサイドバーやフッターに、サービス内容の概略を表示したり、メインコンテンツの一覧をつけたりするのも、1つの手段です。

コンテンツを改善しよう

Section 48

感覚ではダメ！数値化して比較する

Category 作業概要／データ収集／データの確認／データの分析

プロが作成しても、一発で最高のコンテンツが作成できることは稀です。作成したコンテンツは効果を見ながら改善され、初めて完成します。デジタルの世界だからこそ得られる情報を効率良く利用し、感覚ではなく数値を見て改善していきましょう。

Webサイトの成果を決める改善作業

トヨタは「カイゼン」で世界のトップまで上り詰めました。最初のものが最高のものになることは稀です。Webコンテンツも同じく、スタートしてからが本番です。**ターゲットの利用状況を確認し、その結果にもとづき改善作業を行うことで、より大きな成果が出るようになります。**

■ WebコンテンツのPDCAサイクル

Webコンテンツの改善においても、通常の生産管理や品質管理で使われる「PDCAサイクル」を繰り返します。PDCAサイクルの「A」は、通常「処置・改善（Act）」とされますが、これでは「計画（Plan）」「実施・実行（Do）」と被ってしまい、同一対象の改善サイクルにはならないため、本書では「A」は「分析（Analyze）」とします。

計画（Plan）　　：企画におけるテーマ選定とトピックスの確認、あらすじの作成
実行（Do）　　　：執筆、編集、校正によりコンテンツを作成し、公開する
確認（Check）　：ターゲットの利用状況のデータを収集する
分析（Analyze）：データを分析し問題点を突き止め、改善するために計画に戻る

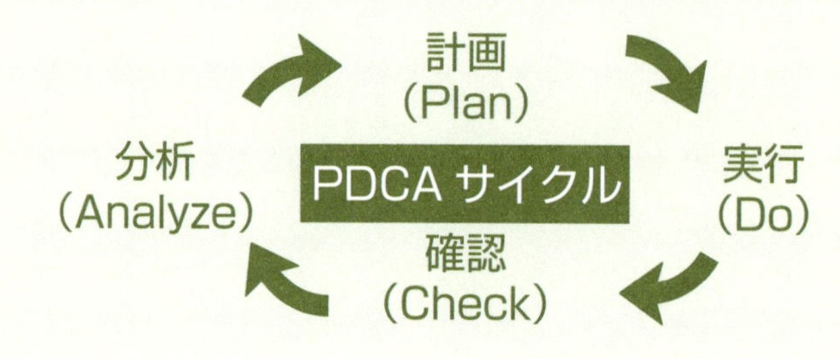

第5章 コンテンツを改善しよう

Webコンテンツの確認と分析

Webコンテンツの改善作業について、本章では「確認（Check）」と「分析（Analyze）」の方法を解説します。その結果を受け、第2章と第3章で学んだ方法で、「計画（Plan）」と「実行（Do）」を行えば、PDCAサイクルが回ることになります。

■ 確認（Check）：利用状況データの収集

Webでは、「何時、何処に、誰が、どのように訪問し、どのような利用をしたか」を簡単にデータで知ることができます。そして、この種々のデータを収集する際に利用するのが、アクセス解析ツールです。

現在、アクセス解析ツールはさまざまなツールが出ていますが、本書では、世界最大の検索エンジンであるGoogleが提供する、無料で使用でき、得られるデータも豊富で精度が高い、Googleアナリティクスを利用する方法を紹介します。

■ 分析（Analyze）：データの分析と問題点の推定

「確認」によって収集したデータを利用して問題点をあぶり出し、改善ポイントを突き止め計画につなげるのが「分析」です。

本書では、アクセス解析で最初にチェックすべき6種類のデータを紹介し、それによってわかる問題点を確認します。そして、その問題点から推定される改善ポイントを解説し、初めての方でもアクセス解析を利用したPDCAサイクルを回せるようにします。

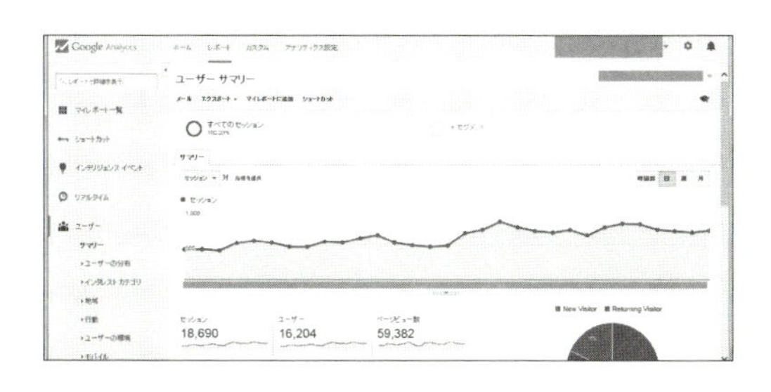

◀ Google が提供する無料アクセス解析ツール、Google アナリティクスのサマリ画面。Web コンテンツへの訪問者が利用している環境やその特性などを、簡単に調査できます。

POINT 感覚ではなく数値にもとづき改善する

Webは詳細なデータを低コストで収集でき、その分析も簡単にできます。Webの特徴を生かし、改善作業も、感覚ではなく収集したデータにもとづいて行うようにしましょう。

Section 49

これで大丈夫! 改善対象別チェックデータ

Category　作業概要／**データ収集**／データの確認／データの分析

アクセス解析ツールで取得できるデータの量は膨大であり、多くの人がこの膨大なデータに圧倒され、分析を諦めてしまいます。ここでは、アクセス解析初心者のために、まずこれだけで大丈夫という、改善対象ごとにチェックすべきデータを解説します。

改善点を見つける分析ポイント

アクセス解析では、以下の6点を確認すれば、改善対象ごとに分析できます。

■ SEO対策の成否を判断するためのデータ

SEO対策の成否を判定するには、以下の2つのデータをチェックします。

表示順位：対象ページの検索結果における表示順位
表示回数：検索結果において、対象ページのURLが表示された回数

まず、**「表示順位」が低い場合は、SEO対策に失敗してGoogleの評価が低くなっています**。対応としては、「編集」と「校正」作業に戻り、Webページのコンテンツ量やキーワード出現率の調整が必要です。

また、**「表示順位」が高いのに「表示回数」が少ない場合は、選択したテーマが悪いと推定されます**。強化したキーワード自体の検索件数が少ないために成果が上がっていないと考えられるので、「企画」に戻り、検索件数の確認とテーマの再選定が必要です。

■ キャッチコピーのできを判断するためのデータ

キャッチコピーのできは、CTR（Click Through Rate／クリック率）で判断します。

CTR：検索結果に表示された際に、対象ページがクリックされた割合

「CTR」が低い場合は、検索結果に表示されていながら、対象ページのURLがクリックされていないことを示します。表示順位や分野によってクリック率は変わるので、CTRの高低は一概に語れませんが、表示順位が同じぐらいのページと比べ、CTRが著しく低いページは改善が必要です。第4章に戻り、キャッチコピーを作成し直しましょう。

ただし、クリック率はキャッチコピーだけでなく、検索結果のタイトルの下に表示される抜粋の影響も受けます。改善作業を行う前に抜粋の表示も確認し、キャッチコピーと抜粋のどちらに問題があるか判断することも大切です。

■ コンテンツのできを判断するためのデータ

コンテンツのできは、下記の3つのデータで分析できます。

平均セッション時間：利用者がサイトを訪問してから出ていくまでの平均時間
直帰率：ほかのページを見ないで、そのまま離れた利用者の割合
コンバージョン率：利用者の中で、こちらの目標とする行動をした人の割合

「平均セッション時間」が短く「直帰率」が高い場合は、コンテンツの魅力が低く、読むに値しないと判断されていると推定されます。第2章と第3章を参考に、コンテンツの書き出しを修正しましょう。また、見た目が悪かったり、Webページの表示に時間がかかっていたりする可能性もあるので、改善作業を始める前に、併せてチェックしておきましょう。

一方、**「平均セッション時間」が長いのに「コンバージョン率」が低い場合は、コンテンツには満足しているものの、アクションにつなげられていません**。これは、コンテンツがアクションを導くストーリーになっていないか、目的のアクションへのリンクやボタンが気づかれていないためと推定されます。第2章と第3章を確認し、コンテンツの修正を図るとともに、次の第6章の「目的別ライティングのポイント」を確認の上、導線の再設計を行いましょう。

POINT　まずは6つのデータを確認

改善作業のためには、「表示順位」「表示回数」「CTR」「平均セッション時間」「直帰率」「コンバージョン率」の6つのデータの確認から始めましょう。

Section 50

ツールによる各種データの確認方法

Category 作業概要 / データ収集 / **データの確認** / データの分析

実際の分析作業の前に、Sec.49で紹介した6つのチェックデータの取得方法を確認します。本書では、データを取得するために、Googleが提供する無料アクセス解析ツール「Google アナリティクス」を利用します。導入方法の詳細は、第9章を参照しましょう。

詳細な解析が可能なGoogleアナリティクス

現在、さまざまなアクセス解析ツールがありますが、本書ではコストを抑え最大の効果を目指すため、無料で利用でき、得られるデータが豊富で精度も高い「Google アナリティクス」を利用する方法を解説します。

各種データの取得方法

「表示順位」「表示回数」「CTR」のデータは、Google アナリティクスをGoogle ウェブマスターツールと連携させて取得します。Google アナリティクスの登録が済んでいれば無料で簡単に登録できるので、第9章を参考に連携しましょう。

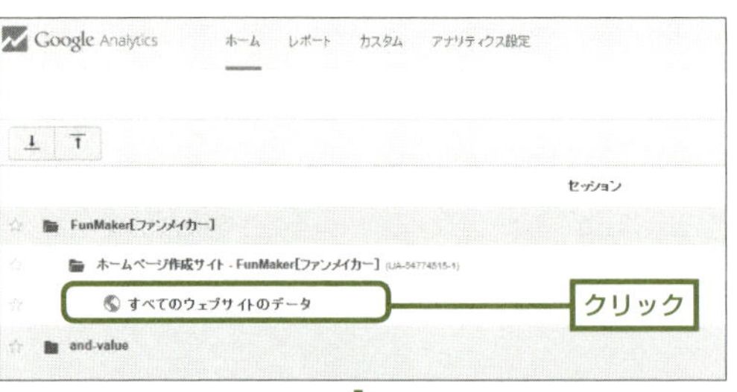

❶ Google アナリティクスにログインしたら、ホーム画面に表示される登録サイトの中から、データを確認したいサイトを選択し、＜すべてのウェブサイトのデータ＞をクリックします。

トラックバック
コンバージョン
プラグイン
ユーザーのフロー
検索エンジン最適化
検索クエリ
ランディング ページ
地域別サマリー
クリック

❷ 左側に表示されるメニューの一覧で＜集客＞→＜検索エンジン最適化＞→＜ランディングページ＞をクリックすると、各種データが確認できます。

■ 平均セッション時間、直帰率

「平均セッション時間」と「直帰率」は、特別な設定をしなくてもすぐに取得できるデータです。以下の手順で、Google アナリティクスから確認しましょう。

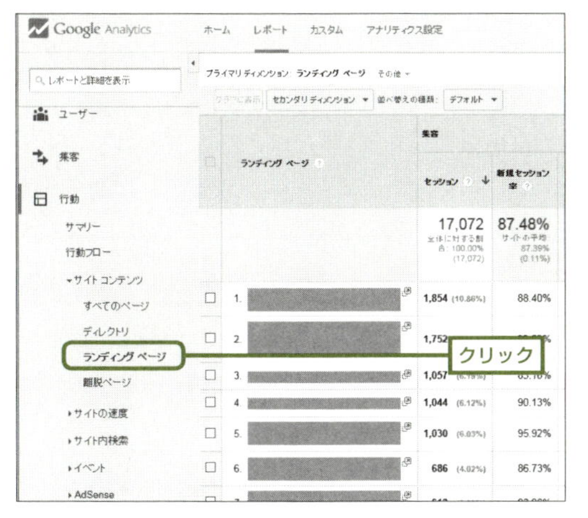

❶「レポート」画面を表示し、メニューの一覧で＜行動＞→＜サイトコンテンツ＞→＜ランディングページ＞をクリックすると、各種データが確認できます。

■ 特定のページのデータを検索する

特定のページのデータを確認したいときは、検索ボックスを利用すると便利です。検索ボックスにデータを確認したいページのURLを入力し、🔍をクリックすれば、対象のURLを含むページのデータが絞り込まれて表示されます。

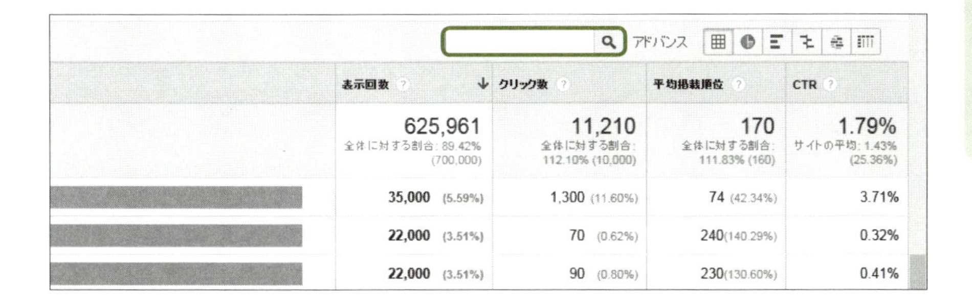

POINT 無料で便利なGoogleアナリティクス

Google アナリティクスは、無料のアクセス解析ツールの中では、機能の豊富さやその精度が群を抜いています。ぜひ使いこなせるようになりましょう。

Section 51

コンバージョン率の確認方法

Category　作業概要　データ収集　**データの確認**　データの分析

どれだけ多くの人が利用し、長い時間コンテンツを読んでくれても、目的の商品の販売や申し込みにつながらなければ意味がありません。ここでは、どれだけの人が目標となるアクションをしてくれたかを確認する方法を確認します。

コンバージョン率の確認方法

商品紹介から申し込みページ、申し込み完了ページへの遷移率の確認や、目的としている商品や広告のクリック率を確認するには、まず「目標」を設定する必要があります。

■ コンバージョン率（ページ間遷移の計測）

商品紹介から申し込みページ、申し込み完了ページへの遷移率のように、設定した目標までの導線における利用者の遷移状況を確認する方法です。

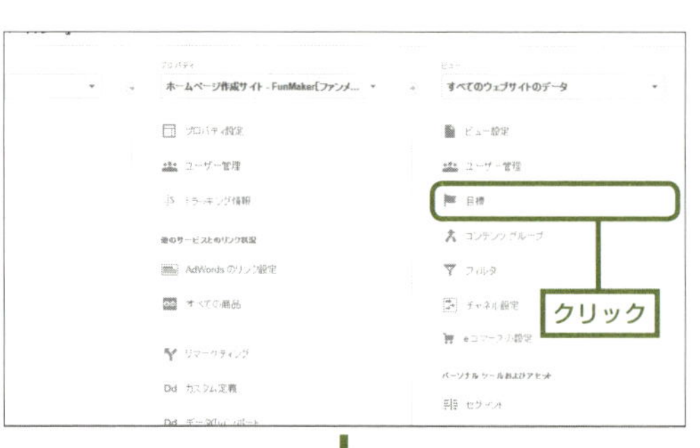

❶ Google アナリティクスにログインしたら、画面右上の＜アナリティクス設定＞をクリックし、設定画面を表示します。設定画面では右に表示される「ビュー」タブから＜目標＞をクリックします。

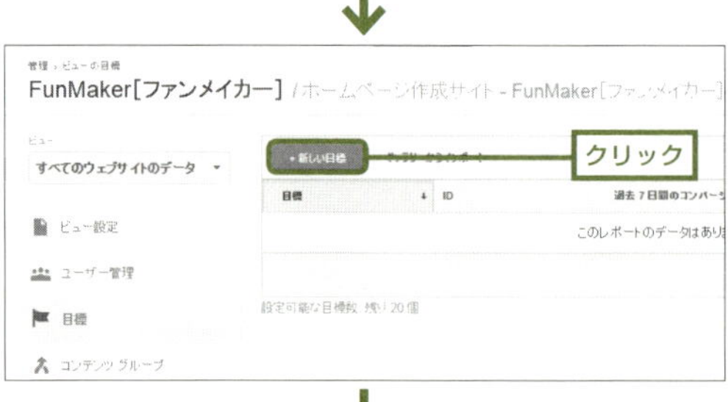

❷「ビューの目標」画面が表示されたら、＜新しい目標＞をクリックします。

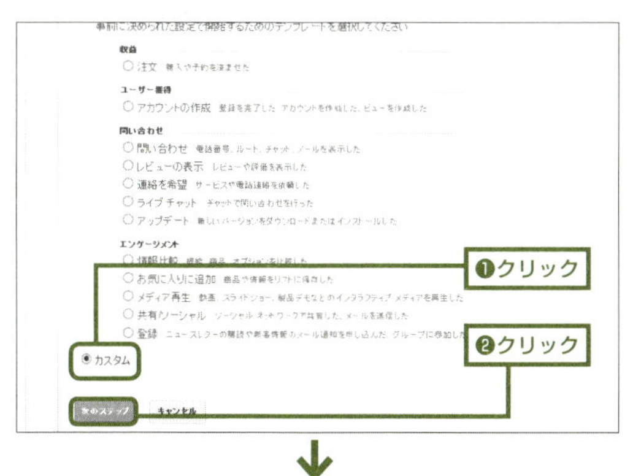

❸ 目標設定画面が表示されます。<カスタム>をクリックし、<次のステップ>をクリックします。

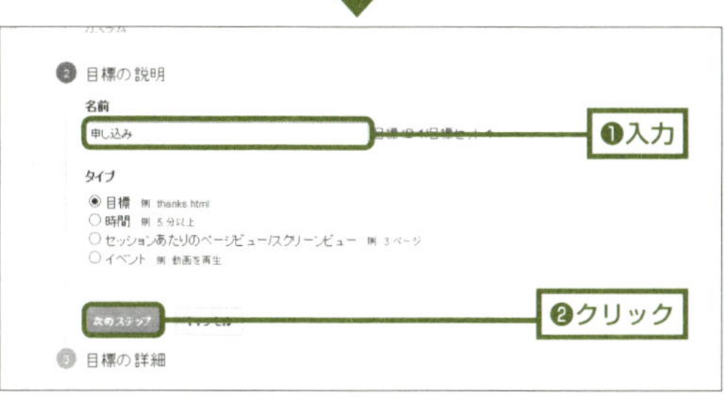

❹「目標の説明」が表示されます。「名前」にタイトルを入力し、「タイプ」を「目標」に設定します。<次のステップ>をクリックして次に進みます。

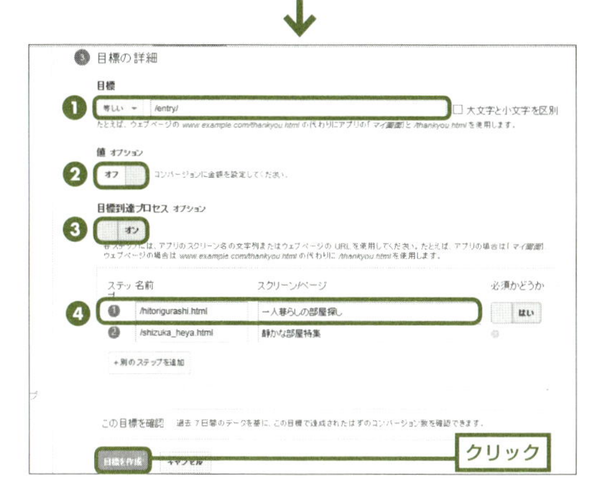

❺ 下の❶～❹の手順で「目標達成プロセス」を設定します。設定が終了したら、<目標を作成>をクリックし、設定を反映します。設定が終了したら、それ以降のデータが取得されるようになります。

❶ゴールとなるページの URL を入力します。
プルダウンは「等しい」に設定します。
❷「オフ」に指定します。
❸「オン」に指定します。
❹「名前」には経由させるページの URL を設定します。必要に応じて<別のステップを追加>をクリックし、経由させるページを追加します。

取得されたデータは、Google アナリティクスの「レポート」画面左のメニューから＜コンバージョン＞→＜目標＞→＜目標達成プロセス＞をクリックすると確認できます。

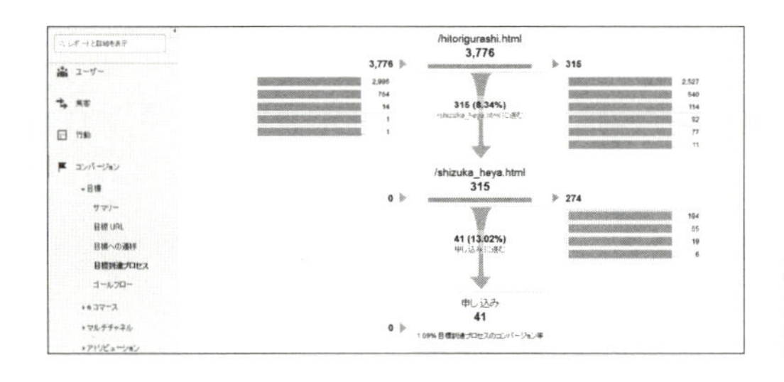

◀第２章から作成してきた不動産屋のコンテンツから、静かな部屋の特集ページ、そして申し込みページへの推移を計測した際の訪問数の推移結果のイメージです。

■ コンバージョン率（ページ内操作の計測）

申し込みボタンをクリックした人の率など、**利用者のページ内での操作を計測するには、対象とするリンクや申し込みボタンのアンカータグ<a>内に、以下のコードを入れ、計測するイベントを指定する必要があります。**

```
onclick="_gaq.push(['_trackEvent', 'category', 'action']);"
```

category：計測対象を判別するためのグループ名　（半角英数）

action　：計測対象を判別するための動作名　（半角英数）

例えば、不動産屋の「静かな」部屋の特集において申し込み数を集計したい場合は、以下のようにすれば、イベントを管理しやすいでしょう。

```
<a href="http://…/…/" title=" 申し込みボタン " onclick="_gaq.push(['_trackEvent', 'Room','SpecialSilent']);"> お申し込み </a>
```

MEMO　ユニバーサルアナリティクスの利用

2014年4月3日に、Googleアナリティクスの発展版であるユニバーサルアナリティクスが正式リリースされ、数年以内には完全移行される予定です。ユニバーサルアナリティクスでイベントを指定する場合は、以下のコードを用います。

```
<a href="http://…/…/" title="申し込みボタン" onclick="ga('send', 'event', 'Room', 'SpecialSilent');">お申し込み</a>
```

❶ リンクにコードを反映したら、P.162 手順❶〜❹を参考に「目標の説明」まで設定を進めます。「目標の説明」では、「タイプ」で<イベント>を選択することに注意しましょう。

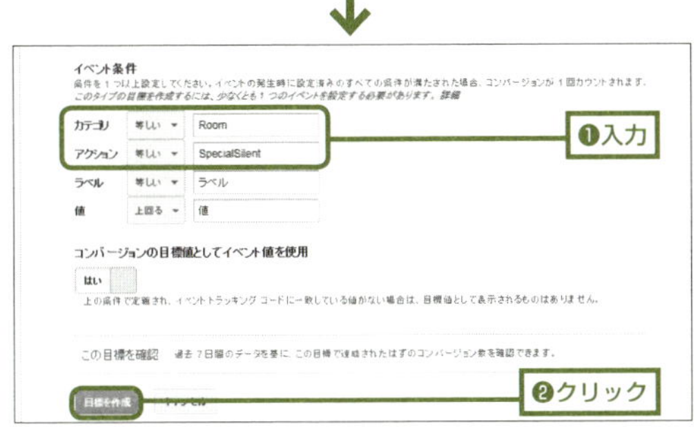

❷「イベント条件」で「カテゴリ」と「アクション」を入力します（ここでは「Room」と「SpecialSilent」を入力しています）。入力後、<目標を作成>をクリックして終了します。

取得データは「レポート」画面のメニューから<コンバージョン>→<目標>→<目標への遷移>をクリックすると確認できます。

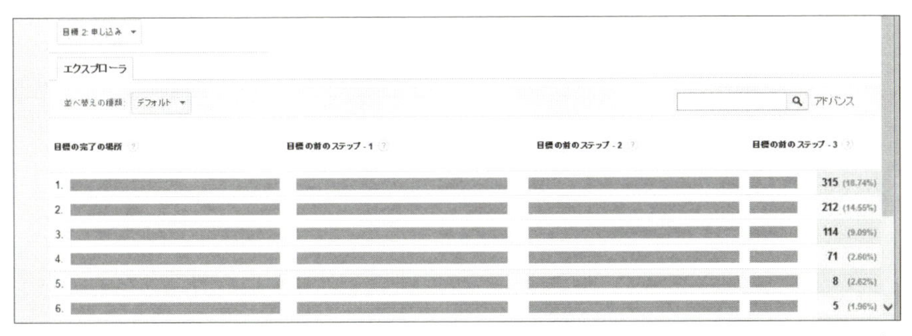

▲不動産屋のサイトにおいて、複数のページに設置した申し込みボタンのクリック率を計測した際に取得されるデータのイメージです。

POINT

目的に合わせて、2つの計測方法を使い分ける

Google アナリティクスでは、ページ間の遷移とページ内の操作で計測方法が異なります。しっかり理解し、目的に合わせて使い分けましょう。

Section
52 コンテンツを比較する方法

Category 作業概要 データ収集 データの確認 **データの分析**

収集した各コンテンツのアクセスデータは、適切に分析に生かすことで、初めて価値を持ちます。ここでは、取得したデータを分析するための方法を解説し、問題点を見つけ改善する作業へつなげます。

各データの適正値は?

個人のWebサイトなら、利用者が1年で月3万人になれば十分ですが、大企業が予算をかけて運営しているのなら同じ成果でも問題があります。Webサイトは、作成してからの時間や現在のステージ、扱っているテーマやその目的、そしてライバルの状況などさまざまな環境要因の影響を受けます。また、作成に割ける時間や予算、そして目標とする成果など、さまざまな内部要因の影響も受けます。これらの要因は千差万別なため、常に目標にできる基準値は決められません。

■比較対象は過去と将来の自分

データ分析のための基準値はありません。また、ほかのサイトのデータと比較しても、諸条件が異なるため適切な分析はできません。比較は条件の近いサイトとすべきであり、もっとも条件が近く比較に適するのは、対象サイトの過去のデータです。

アクセスデータを時系列に並べ、大きな変化が起きたときや、目標に届かないと思われるときに、問題点を推定し、改善策を決め、計画を立て、実行します。そして、実行した前後でどのような変化があったか確認するのが、PDCAサイクルを回すということです。これにより、対象サイトにおける有効な方法や分析ポイントがわかってきます。

▲ほかの何者でもなく、自分自身が比較対象になります。

すぐに効果を確認する方法

データ比較の基本は、「過去の自身のデータ」と比較することです。しかし、それには十分量の過去のデータがないと、効果検証ができません。**結果をすぐに確認し、早く改善作業を行いたい場合によく利用される方法も知っておきましょう。**

■比較の基本：A ／ Bテスト

A ／ Bテストとは、複数の案を用意し、その効果を比較検証することをいいます。例えば、キャッチコピーの案が複数あったとき、キャッチコピーだけを変えたWebページを複数作成し、それぞれのデータを比較してもっとも優れている案を確認します。データを取得しやすく、すぐに変更できるWebページでは非常によく利用される手法で、同じ条件下での比較ができるため、有用なデータを取得できます。Google アナリティクスを利用すれば、簡単にA ／ Bテストを実施できるので、ぜひチャレンジしてみましょう（Sec.74参照）。

▲A ／ B テストは、ページ A とページ B のどちらが効果的か比較したい場合などに有効です。

■A ／ Bテスト実施時の注意点

A ／ Bテストでは、必ずしっかりした仮説を立て明確な違いを作りましょう。

仮説がなければ有意な差が確認できたとしても、何によってその差が生じたかがわからず次につながりません。また、明確な違いがないと、コンテンツの違いによる差より、利用者やタイミングの違いによる差の影響のほうが大きくなってしまうこともあります。

POINT　分析時の基準はあくまでも「自分」

データ分析の際に基準とする値は、過去のデータ、目標のデータ、そしてA ／ Bテストによって得られる現在のデータです。すべてに共通する基準値はありません。

Section 53

まずはチェック！注目すべき改善ポイント

Category 作業概要／データ収集／データの確認／**データの分析**

収集したデータを分析し問題点をあぶり出したら、次は改善点を突き止める必要があります。ここでは、改善点を突き止める際にまずチェックすべきポイントを、SEO対策、キャッチコピー、コンテンツそれぞれにおいて紹介します。

SEO対策におけるチェックポイント

■ そもそも対策ができていない場合

公開から一定期間が経過してもSEO対策の効果が発揮されない場合、そもそも対策ができていないのか、それともペナルティを受けているのか考える必要があります。

もしペナルティを受けた場合は、Webサイト全体の成果が落ちます。ですから、**特定のページだけ効果が発揮されない場合は、そもそも対策ができていないことを疑うべきです**。その際は、以下の項目をチェックし、満たさない項目は改善します。

- ❑ テキストが800文字以上あり、共通領域に対して十分な量になっているか
- ❑ 他サイトのコピーやつなぎ合わせだけではなく、十分オリジナルの情報があるか
- ❑ 検索件数があり、競合が弱いキーワードを選べているか
- ❑ キャッチコピーに強化対象のキーワードが含まれているか
- ❑ 強化対象のキーワードの出現率が、3～7%の間に収まっているか

■ 思わずやってしまいがちな違反行為

違反行為にはさまざまなものがありますが、多くが故意に行われるものなので、ここでは扱いません。ただし、**本書の指示に従っているつもりでも、思わず行ってしまう可能性のある違反行為もあるので、以下に紹介しておきます**。

- ❑ 読めない大きさや色、そして位置に書かれたテキストはないか
- ❑ サイト内で、内容が重複しているページはないか
- ❑ 物理的に近い位置に、同じキーワードを多量に固めて記載していないか
- ❑ 画像のalt属性やリンクのtitle属性が20文字を超えて長くなっていないか

キャッチコピーにおけるチェック項目

検索結果に表示されているのに、なかなかURLがクリックされない場合は、キャッチコピーの改善が必要です。以下をチェックし、満たさない項目は改善しましょう。

- □ キャッチコピーが省略されず、検索結果に全体が表示されているか
- □ 読み手がクリックしたくなる、説得力ある理由が明示されているか
- □ 明るい面、プラス面がしっかり伝わるようになっているか
- □ 技巧にはしらず、内容がしっかりと伝わるようになっているか
- □ 適切なアピールポイントにおいて、人を動かす情報を入れられているか

コンテンツにおけるチェック項目

訪問はあるものの、読まれなかったり、成果につながらなかったりする場合は、コンテンツの改善が必要です。まずは、読んでもらえない場合のチェックポイントです。

- □ 検索結果に表示されているキャッチコピーとコンテンツの内容が異なっていないか
- □ ファーストビューに「伝えたいメッセージ」が明示されているか
- □ 話題になっており、ニーズのある人気のトピックスを選べているか
- □ コンテンツの出だしが工夫され、興味がわく構成になっているか
- □ 適切なフォントを選び、文字の大きさや色も読みやすくなっているか
- □ テキストの量が多すぎず、適度に画像などを配置しているか
- □ 画像などのデータ量を小さくし、読み込み時間を短くできているか
- □ コンテンツに合わせた適切なレイアウトが採用できているか

読まれているのに、成果に結びつかない場合のチェックポイントは以下の通りです。

- □ 調べもの系などではない、アクションに結びつくキーワードを強化できているか
- □ 納得できるストーリーで、アクションにつながる結論になっているか
- □ 目的の行為へ誘導するリンクやボタンが見つけやすくなっているか

POINT　問題が起きたら、まずは基本に帰ろう！！

SEO対策、キャッチコピー、コンテンツのどれも、改善点が見つかったら本書の該当箇所を確認し、解説通りになるように修正しましょう。

Column

検索結果を正確に確認する方法と重大ペナルティの確認方法

検索エンジンの検索結果を利用して、競合を調査したり、所有するWebサイトの表示順位を確認するとき、注意しなければならないことがあります。それは、Googleなどの検索エンジンは、検索履歴や閲覧履歴などの情報をもとに、利用者の検索結果を調整していることです。

■プライベートブラウズの利用

今までの閲覧履歴などに影響されずに検索結果を確認するには、「プライベートブラウズ」を利用します。ブラウザによって呼び名は異なりますが、どのブラウザにも同様の機能があり、この機能を利用することで、検索履歴や閲覧履歴などに影響されずに、検索結果を表示できます。

例えばInternet Explorerなら、ブラウザを開き、「ツール」の中から「InPrivate ブラウズ」を選択するか、タスクバーに表示されたアイコンを右クリックし、「InPrivate ブラウズを開始する」をクリックすれば利用できます。

■重大ペナルティをチェックできる「site:」コマンド

検索に関してもう1つ知っておきたいのは、「site:」コマンドです。検索エンジンの検索ボックスに、「site: 特定のWeb サイトのURL」を入力して検索すると、対象サイトの中で、検索エンジンが把握しているWebページを一覧できます。

このコマンドを使用した際に、検索結果が表示されなければ、対象サイトは検索エンジンにまったく把握されていないことになります。これは、作成したばかりのためまだ認識されていないか、重大なペナルティ行為を犯しているため、検索結果から削除されたかのどちらかを意味します。

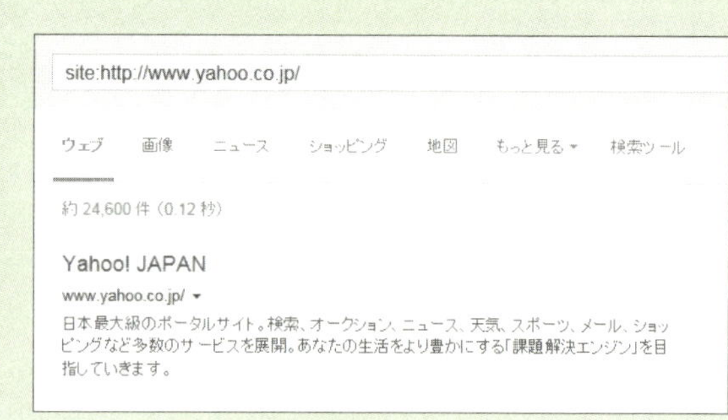

目的別ライティングのポイント

Section 54
効果の高いランディングページ作成法

Category 一般 企業・店舗・公式 個人 メール

コンテンツとキャッチコピーのライティング方法を学んだあとは、より具体的に、学んだことを目的に合わせて利用する方法を解説します。まずは、広告による集客で必須となる、ランディングページ作成時のポイントから確認していきましょう。

ランディングページとは

ランディングページとは、Webサイトにおいて利用者が最初に訪れたページを指す言葉です。サイトを構成するすべてのページがランディングページになり得ますが、本書では広告などで集客した人が最初に訪れるページを特にランディングページと呼び、そのランディングページでより高い効果を上げる方法を解説します。

ランディングページの構造

Web広告は、広告を見せる訪問者の属性を絞ったり、表示する文言を変えたりできるので、ランディングページに来た時点で、訪問者の属性や目的はかなり絞り込まれています。訪問者に最適化し、より効率的に目的のアクションに結びつけるための構造とはどのようなものでしょうか。

■「袋小路」で完全な情報を提供する

Webサイトの利用者は、ページ間を移動するたびに一定割合でサイトを離れてしまいます。そのため、ページからの離脱をもっとも少なくし、アクションまでロスなく誘導するためには、ページ間の移動をなくす必要があります。ターゲットに合わせて、より絞り込まれたページを作成し、移動をゼロにできればもっとも効率は上がります。

ランディングページは購入や申し込みなど、こちらの目的を行わせるために必要な情報を過不足なく提供し、ほかのコンテンツへのリンクはなくし、ページを移動できなくします。ランディングページに来た人は、その中だけでしっかりとアクションするか否かの判断ができるようにするとともに、出口は申し込みなどのアクションをするか戻るボタンを押すかのどちらかのみの構造にし、訪問者の流出を極力防ぐのです。

ランディングページ作成時のポイント

■ ランディングページは深夜のテレビショッピング

ランディングページには、アクションにつなげるために必ず入れるべき要素があります。誰もが深夜に1度は見たことがある、テレビショッピングを例に見てみましょう。

まず外国人の女性が出てきてこういいます。

リサ「ボブ、私最近おなかが出てきてしまって困っているのよ…。」
ボブ「大丈夫!スーパー腹筋○○があるから!」

◀これは起承転結の「起」で、問題の提起とその解決策としての商品紹介をします。「起」を受け、三段腹仲間のメアリーがなんと割れた腹筋で登場です。

ボブ「ほら、隣のメアリーもこれで今じゃモテモテさ!」
メアリー「そうよ、家事の合間にテレビを見ながらやるだけなのよ。」

◀これが商品の紹介を受け、裏づけとして利用者の声や効果、効能の詳細説明をする「承」です。「承」で期待感をあおるだけあおったら、お決まりの文句です。

リサ「そんなに良かったら、きっと高いんでしょう??」
ボブ「いえいえ、なんと○○円!!」

◀これが「転」です。ここでできるだけ安くお得に感じさせ、買いたい気持ちにさせます。そして最後に購入の後押しとして、特典の話を出します。

ボブ「今なら、大人気のスーパー△△もついてくるんだよ!」
リサ「それだったら今が買い時ね!!」

◀これが「結」で、最後の後押しをして購入に誘導します。多くのテレビショッピングがこの流れをとっているのは、もっとも効果があるからです。

■ ランディングページの構成

ランディングページも、テレビショッピングと同じ構成になります。**まず問題提起として、おなかが出てしまった人の画像やスリムに痩せた理想体型の人の画像、そして「もう失敗しない、ダイエットマシーンの決定版登場！！」などのキャッチコピーを表示します**。これは起承転結の「起」にあたります。この「起」と次の「承」の一部までがファーストビューになるので、しっかりと読み手の興味をひき、それ以降を読む気にさせることが大切です。

次は**「承」で「起」の裏づけです。ここでは商品の特徴を3つのポイントとして提示します**。例えば「NASAが開発」「ハリウッドでも人気」「驚きの効果」など、ターゲットにもっとも刺さると思われる3つのポイントを挙げます。提示した3つのアピールポイントに対応した形で利用者のコメントを提示できれば、その効果はより大きくなります。ここで、「効果、効能」の詳細説明やQ&Aを紹介し、不安の解消や買わない理由の否定も行い、読み手の期待感をあおります。

期待感が最高潮に達したところで、価格や条件を提示する「転」です。他社と比較したり、1日当たりコーヒー1杯分などと日割りにしたりして、お得感を演出します。

最後は、購入の後押しとしてキャンペーンの情報などを入れます。「今なら20%OFF」や「全額返金保証有」など、まだ迷っている人を購入に後押しして終わります。これが起承転結の**「結」**です。

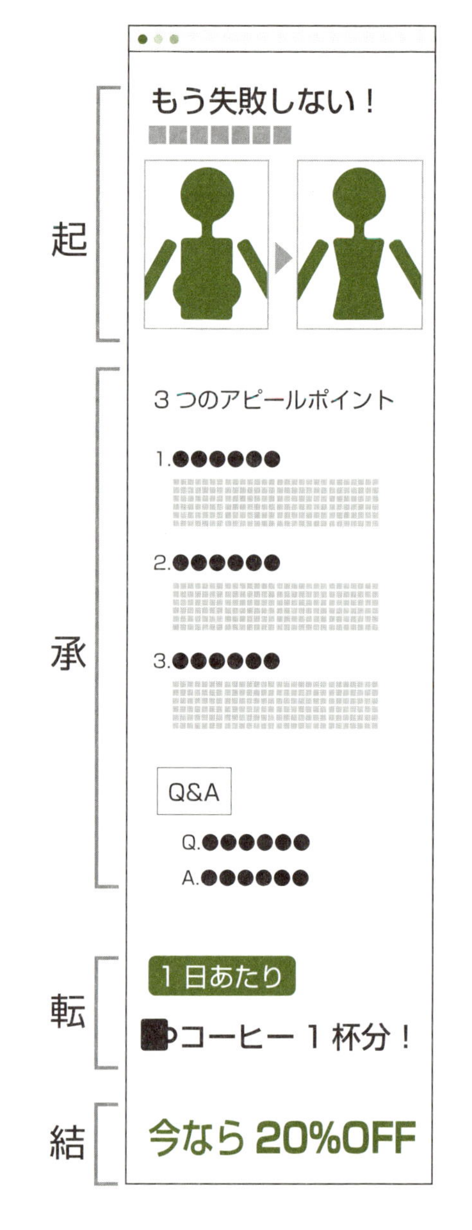

■ 作成方法はほかのページとまったく同じ

ランディングページも作成方法は変わりません。**第2章から第4章で解説した方法で、紹介する商品やサービスの特性に合わせて最適なストーリーを選び、作成します。**

例えば、大企業なら常識から入る方法で、「一般論から各論」か「比較列挙」のストーリーで作成します。一方中小企業なら、「常識とは反対」から入り、「各論から一般論」か「比較列挙」のストーリーを採用します。

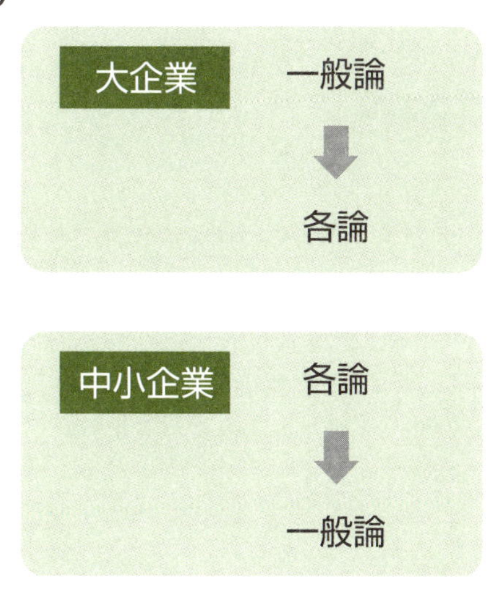

ランディングページのもう1つの型

ここまで解説してきたように、ランディングページは起承転結の型に沿いながら、それぞれにおいて決まった要素を決まった配置に入れて作成する方法が一般的です。しかし、**ランディングページにはもう1つ代表的な型があります。それは情報商材等でよく使われる物語型です。**

商品開発の苦労や業界を変えたいという想い、そしてこれだけで儲かるというお得情報などから入り、長い物語を読ませるような形で進んで行く型です。もちろんこの型も、これまで解説してきたライティングの方法論を利用して作成できるので、しっかりと方法論に沿って作成しましょう。

POINT　ランディングページは袋小路で完全な情報を与える

絞り込まれたターゲットが訪れるランディングページでは、完全な情報を記載し構造を袋小路にすることで、訪問者の流出を最小に抑えましょう。その際のランディングページの構成は深夜のテレビショッピングと同じです。

起：問題と解決策の提示（キャッチコピー／商品イメージ）
承：買わない理由の否定（3つのアピールポイント／お客様の声）
転：価格や条件の提示（価格／条件）
結：今買う動機づけ（キャンペーン）

Section 55 わかりやすいサポートページ作成法

Category 一般 企業・店舗・公式 個人 メール

Webサイトを利用する際には、サイトマップやQ&Aページがあると便利です。本来は解説なしで利用できるようにサイトを設計すべきですが、さまざまな人が使い、直接やりとりできないWebの世界では、このようなページがどうしても必要になってきます。

サポートページとは

サポートページとは、Webサイトにおいてメインのコンテンツ以外の、サイトマップやQ&Aページ、マニュアルなど、サイトの利用を補助するページを指します。

例えばサイトマップは、Webサイトの目次のようなもので、目的のコンテンツを見つけやすくします。また、Q&Aは疑問や不安を解消しアクションへのハードルを下げたり、使用方法がわからないときに、それを解消しサービスをより便利に使いこなせるようにすることを目的とします。

Apple サイトマップ
URL https://www.apple.com/jp/sitemap/

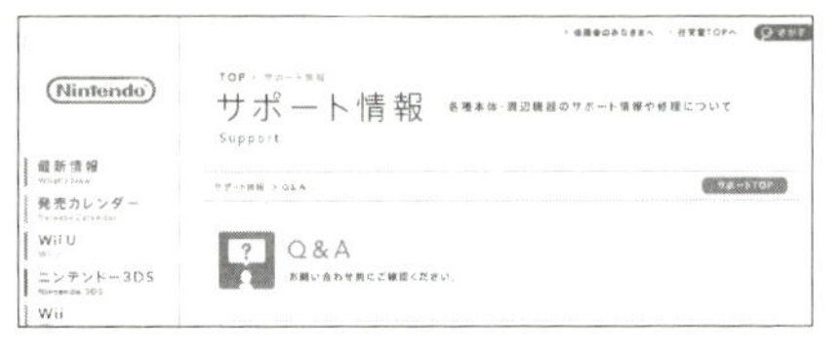

任天堂ホームページ：Q & A
URL http://www.nintendo.co.jp/support/qanda/

■ 袋小路ではなく「拡散」

サポートページは、あくまで利用者をサポートするページのため、こちらの目的が中心ではなく、利用者の目的が中心の設計になります。つまり、**こちらの目的とするアクションを誘導するためのストーリーや構造は必要なく、利用者の目的に最短距離で行き着ける構造が大切になります。**

また、ランディングページとは反対に、ほかのコンテンツの利用を助け、次のアクションへの移行をスムーズにする橋渡しを目的とするため、構造は流出をなくす袋小路ではなく、ほかのコンテンツへの多くの導線を持った構造になります。

サポートページ作成時のポイント

■ 利用者の目的が第一

サポートページは、極力簡潔にわかりやすく答えを提示することが大切です。説明はそのページの利用方法など最低限にし、目的の情報まで最短距離で行き着けることを優先します。こちらの意図を示すストーリーは不要です。

■ 基本は一問一答

疑問や不安に対しては、簡潔で明確な答えを示すことが大切です。Q&Aなどでは、質問をできるだけ細分化し、簡潔に回答できるようにしましょう。

■ 適切なグルーピング

項目が多いと、目的の内容に行き着きにくくなります。**項目が多い場合は、適切にグルーピングし、分野や目的に沿った目次を作成する**など、目的の内容に行き着きやすくしましょう。

■ 表示形式を工夫する

項目が多い場合は、グルーピングに合わせて表示形式も工夫します。まずは作成したグループごとにページを分けてみましょう。アコーディオンパネルを利用して、最初はグループ名や質問部分のみを表示し、クリックすると対応した内容や回答が表示されるようにするのも良い方法です。項目数が非常に多くなった場合は、検索機能も必要になります。

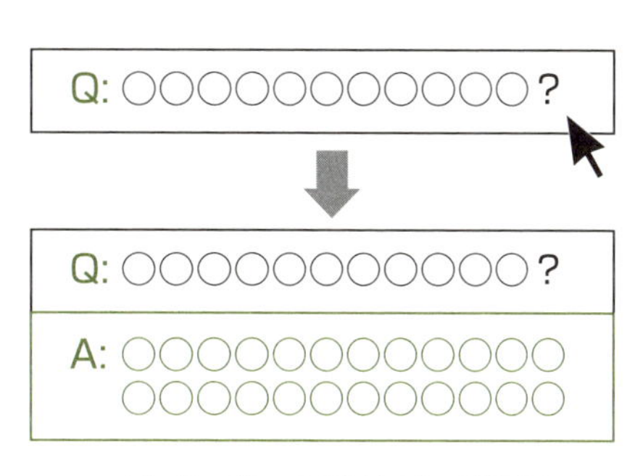

▲アコーディオンパネルを利用すると、質問をクリックすれば、回答を表示できます。

POINT　サポートページは利用者の目的が中心

利用者のサポートを目的とするサポートページは、利用者の目的を中心にし、目的が達成されるよう、簡潔にわかりやすく作成します。その際のポイントは以下の4点です。

利用者の目的が第一　基本は一問一答　適切なグルーピング　表示形式を工夫

Section 56

仕事につながるコーポレートサイト作成法

Category 一般 **企業・店舗・公式** 個人 メール

多くの企業が持つようになったコーポレートサイトは、新規顧客獲得の強力なツールとなるだけでなく、営業で伝えきれない内容を確認してもらうパンフレットとして、新サービスなどの情報を発信する窓口としても重要な役割を果たします。

コーポレートサイトとは

コーポレートサイトとは、企業が理念や所在、サービスや製品などを紹介するために提供するWebサイトのことです。コーポレートサイトも、企業のイメージアップや新規顧客の開拓、新サービス情報の発信などの目的を持って作成されるので、基本的に作成方法はこれまで解説してきた通りです。ただ、特に注意すべきポイントがあるので、それを確認しておきましょう。

コーポレートサイト作成時のポイント

■ 何よりも信用が大切

当たり前のことですが、企業は信用が大切です。見た目に気をつけるのはもちろんですが、以下の点にも注意しましょう。

まず、どのような会社であるか、そして実在することを明示します。所在地や連絡先、取引企業などの情報などを掲載し、実在する企業であることを伝えるとともに、代表の顔写真やメッセージや会社の風景、できれば社員のコメントや働く姿を掲載します。加えて、実績やメディア掲載、保有している資格などもあれば掲載するようにしましょう。

社内風景

代表の写真

取引企業

取引企業一覧
・A 社
・B 社
・C 社
⋮

■ サービス内容を明確にする

コーポレートサイトを見ると、何を提供している会社かわからないことがあります。

新規顧客を獲得するためのツール、情報拡充のパンフレット、情報発信のための窓口、どのような目的だろうと必須になるのは、**何を提供している会社なのかを明確にし、どのような特徴や理念を持って活動しているかを伝えることです**。

まずは、もっとも多くの人が見るサイトのトップページに、何を提供し、どのような特徴を持った会社なのか明示しましょう。また、提供している商品やサービスの詳細な説明を掲載し、訪問者がそれを読んだだけで「問い合わせてみようかな」と思える情報を提供することが大切です。ロゴにスローガンを入れたり、サイドバーやフッターにサービス内容や企業理念を記載したりして、すべてのページで何をどのように提供しているか伝えるのも良いでしょう（P.154参照）。

■ メインコンテンツへ誘導する

コーポレートサイトに限りませんが、**すべてのページからメインコンテンツへ行けるようにしましょう**。例えば、もっとも売りたい商品やサービスのページへのリンクを、全ページ共通のヘッダーやサイドバーに用意しておいたり、サイドバーやフッターに人気商品の概要とその申し込みページへのリンクを張っておいたりします。

また、お問い合わせフォームも用意しておきましょう。特に新規顧客開拓を目的とする場合は必須となります。興味を持った方が簡単に連絡できるようにすることも、効果を高める上で非常に重要です。

▲共通のヘッダーやサイドバーにメインコンテンツへのリンクを用意しておくと、より成果が上がりやすくなります。

> **POINT　コーポレートサイトも目的を明確にして作成する**
>
> コーポレートサイトも漫然と作成したのでは意味がありません。目的を明確化し、それに必要なコンテンツを作成することが大切です。そのポイントは以下の３点です。
>
> **何よりも信用が大事　サービス内容を明確にする　メインコンテンツへの導線**

Section 57

ファンを増やす ビジネスブログ作成法

Category 一般 **企業・店舗・公式** 個人 メール

新規情報を発信し広報や販売につなげたり、顧客との距離を縮めファンを作りに利用されたりするビジネスブログ。企業がわざわざ作るのですから、しっかりと効果を上げる必要があり、また、企業の看板を背負っているからこそ注意すべきことがあります。

ビジネスブログとは

ビジネスブログとは、企業が作成するブログのことを指します。一般的に社長ブログやスタッフブログなどの形で作成され、以下の点を主な目的とします。

販売　：既存商品や新商品の情報を発信し、販売につなげる
ファン作り：顧客との距離を縮め、顧客ロイヤルティを高める
市場調査　：直接的な情報交換により、商品改善やサポートの充実につなげる
SEO対策　：コンテンツを増やし、更新頻度を高めることでSEO効果を高める

企業が行うのですから、個人が気ままに作成するブログとは異なり、明確な目的を持って行わないと意味がありません。また、注意しないとリスクを抱えることにもなります。

ビジネスブログ作成時のポイント

■最初のルール決めが大切

ビジネスブログと個人ブログの1番の違いは、会社の看板を背負っているか否かです。作成しているのは担当者個人でも、ビジネスブログで書いたことは、会社の公式発表と同じです。匿名で行える個人ブログとは、1つ1つの発言の重さが違います。

どのようなターゲットにどのような目的で発信をしていくか決めたら、必ず「キャラクターの設定」と「やってはいけないこと」を決めましょう。特に、親近感を持ってもらうためにスタッフに作成させる場合は注意が必要です。

■ 価値あるコンテンツを作成する

会社の看板を背負い、目的を達成するために作成すると、概してつまらないコンテンツになり、誰も読んでくれないだけでなく、かえって顧客ロイヤルティを低下させます。**コンテンツを作成するときには、ターゲットの立場に立ち、最低1つは「お得」な情報を提供するようにしましょう。**

商品の紹介でも、あまり知られていない便利な使い方や、関連する豆知識を入れることで、読んだ人の印象も変わります。また、販売を目的としていても、商品の紹介やセールの情報ばかりでは利用者がうんざりしてしまいます。目的から離れたとしても、ときには価値あるコンテンツを提供することも大切です。

■ ある程度の更新頻度を保つ

ビジネスブログは、無理して質を落としてまでコンテンツを作成するのは良くありません。しかし、長い間更新が止まっているとファン離れが起きるだけでなく、企業活動も停止しているように思われてしまいます。

適度な更新頻度が保てないと、結局利用者も増えずファンも作れませんし、市場調査もできません。もちろんSEO対策の効果も期待できません。ですから、更新頻度が保てないなら、ビジネスブログを作成しないという選択肢もあることを知っておきましょう。

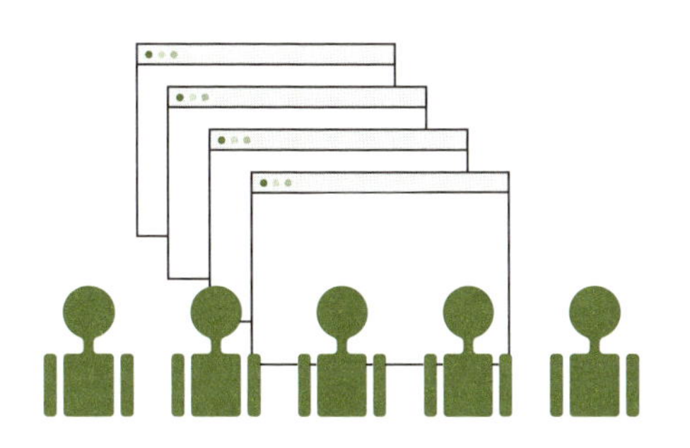

▲サイトが更新されないと、利用者も増えず効果も期待できません。

POINT　ビジネスブログは企業の看板を背負っている

ビジネスブログは企業の看板の下に作成しているので、適切に作成できない場合は作成しないという選択肢もあります。作成の際のポイントは以下の3点です。

最初のルール決めが大切　価値あるコンテンツを作成　ある程度の更新頻度を保つ

Section 58

来店につながるショップサイト作成法

Category 一般 **企業・店舗・公式** 個人 メール

実店舗を探すときも、Webは便利なツールです。来店前に、お店の雰囲気や商品ラインナップを見たり、所在地や営業時間を確認するのは今や当たり前のことです。そんなショップサイトを作成する際、気をつけるべきことは何でしょうか？

ショップサイトとは

本書では、ECサイトのように商品販売を主な目的とせず、実店舗への誘導を目的に作成されるWebサイトをショップサイトと呼びます。コーポレートサイトと似た性質を持ちますが、目的の重点が利用者の来店におかれる点で異なります。

実店舗に来店してもらうことを目的とした場合、ほかのWebサイトと異なり、現実世界の物理的な制約を受けます。Webの情報は世界中の人に365日24時間見てもらえますが、実店舗は所在地や営業時間が重要になります。

ショップサイト作成時のポイント

■ 地理情報&ジャンルでSEO対策をする

サービスや利用できる地域が限られているショップの場合は、最寄駅や地名、近くの人気スポットなどのキーワードとジャンルのセットで、SEO対策をします。

例えば、北海道でカフェを探している人の検索結果に東京のカフェが表示されても、訪問してくれる可能性はほとんどありません。また、「カフェ」というキーワードだけでSEO対策をしようとしても、なかなか検索結果の上位に表示されません。まずはライバルが減り、また来店する可能性が高い人に見てもらえるよう、「代官山 カフェ」「東京 カフェ」など、最寄駅や地名、近くの人気スポットとセットでSEO対策を行うことが成果への近道となります。

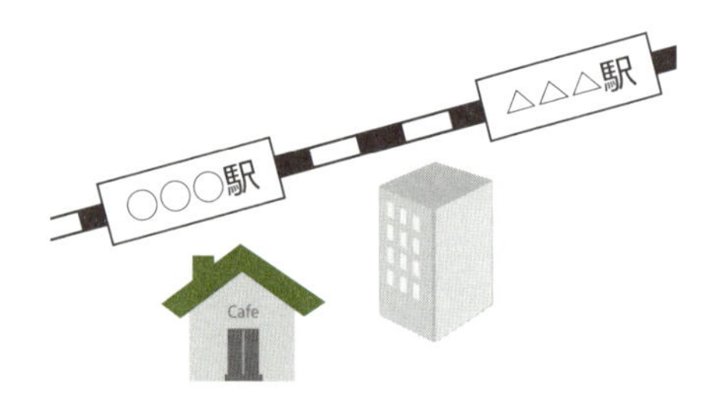

▲ランドマークとセットでSEO対策を行いましょう。

所在地・営業情報を明示する

店舗を訪問しようと思ったとき、まず確認するのが店舗の所在地、そして営業日や営業時間です。**必ず「所在地」「営業日」「営業時間」の情報はわかりやすいところに表示しましょう。**所在地や営業情報がないと、利用者は電話などで情報を確認しようとするため、スタッフの手間が増え、仕事に支障をきたします。また、訪問しても閉まっていたら嫌だと、訪問自体をやめてしまうこともあります。

▲サイトがあっても、所在地などの情報がなければ来店できません。

店舗の魅力を伝える

商品やサービスラインナップ、店舗の雰囲気や他店との違いなど、見た人が来たくなる要素をしっかりと入れましょう。価格情報を明示し、来店に対する不安を解消したり、スタッフブログなどを効果的に利用したりして、来店しやすくなる雰囲気を作ることが大切です。単に店舗の情報を掲載しただけでは、人は来てくれません。店舗に何かしらの魅力を感じるから来店してくれるのです。

来店動機を用意する

できれば、来店動機も用意しておきたいところです。人気の商品があればそれを前面に出したり、クーポンやセールなどのお得情報を用意したりして、見た人がより来たくなるように工夫しましょう。

10%off

SALE!

1,000円　1,000円

▲来店クーポンやセール情報を用意して、来店する動機を用意しましょう。

POINT　ショップサイトは現実世界の物理的制約を受ける

現実世界での実際の来店を目的とするショップサイトは、現実世界の距離や時間などの制約を受けます。作成の際のポイントは以下の4点です。

地理情報＆ジャンルでSEO対策　所在地と営業情報の明示
店舗の魅力を伝える　来店動機の用意

Section 59 商品が売れるECサイト作成法

Category 一般／**企業・店舗・公式**／個人／メール

そのシェアを順調に伸ばし、これからも成長が期待されるEC分野。そのような分野において成功するためには、どのようなことに気をつけたら良いのでしょうか。商品を売ることに特化したWebサイトのポイントを確認しましょう。

ECサイトとは

ECサイトとは、「Electronic Commerce site」の略で、インターネット上で商品を販売するWebサイトのことです。ショップサイトと異なり、実店舗への誘導を目的とせず、Web上で売買の過程が行われ、商品は郵送やダウンロードによって購入者に渡ります。

ほかのサイトとの比較が簡単なWebでは、他社と同じ商品を扱う場合、値段が最大の判断材料になります。その上で、コンテンツ作成では、まさにこれまで解説してきた方法や、ランディングページの項で解説した内容が生きます。

ECサイト作成時のポイント

■信頼が大切

ECサイトは実店舗がない場合が多く、また購入商品が届かないなどのトラブルも多いため、信用が大切です。信頼があれば、価格が少し高くても安心できるサイトが選ばれます。そのため、できるだけ管理者の顔写真や情報、そして、利用者の声や評価を掲載しましょう。また決済方法も、着払いやクレジットカード決済を用意し、「お金だけとられるのではないだろうか」という不安の解消に努めましょう。

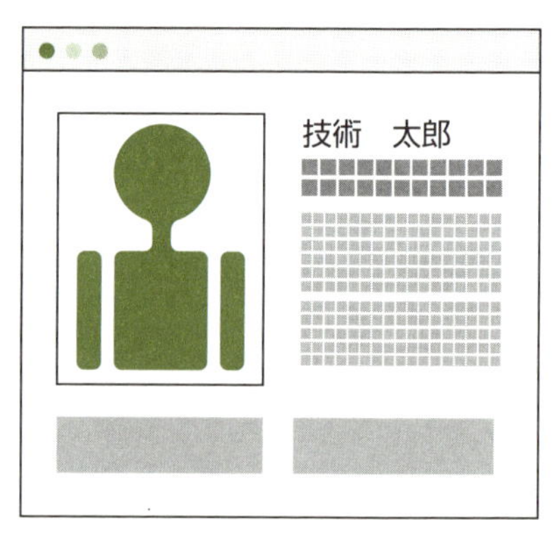

▲管理者の顔が見えるサイトは、利用者にも安心感を与えます。

■ オリジナル情報を掲載する

多くの商品を扱うために、テンプレートを利用してページ数を量産すると、商品名と価格、写真以外は同じページがたくさん作られることになります。これは検索エンジンが禁止する「複製ページ」と判断される可能性があります。

複製ページばかりのサイトと判断されないよう、商品ごとに個別の情報を掲載しましょう。それが利用者にとっても有益な情報となり、売上にもつながります。

■ 必要情報を明示する

送料や決済方法、手数料、返品などの情報はわかりやすいところにしっかりと明示しましょう。顔が見えず、不安を持って利用されているからこそ、利用者の利益に関わる情報はわかりやすく、丁寧に伝えることが大切です。

■ より多くの判断材料を提供する

Webでは実際の商品を見たり触ったりできないので、できるだけ多くの情報を提供しましょう。写真も正面からだけでなく、上部やうしろからの写真、利用時のイメージ写真なども掲載します。また必要に応じて、形状や材質、重量などの情報も掲載すると良いでしょう。加えて、利用者の声や人気ランキングなどの情報も購入時の判断材料になります。

■ 掲載しなければいけない情報

ECサイトは特定商取引法にもとづく表記が義務づけられています。販売業者や所在地、連絡先など、掲載が義務づけられている情報をしっかりと掲載し、ルールに則った運営をしましょう。

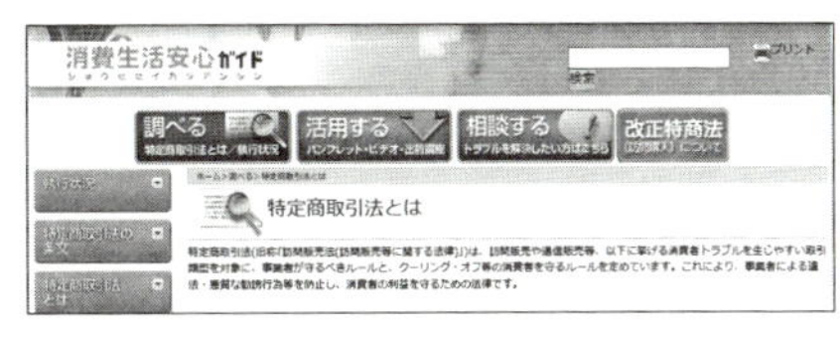

消費生活安全ガイド　特定商取引法とは

URL http://www.no-trouble.go.jp/search/what/P0204001.html

> **POINT　価格優位性以外でも大切なことがある**
>
> 同じ商品の場合は、安さが最大の訴求ポイントとなります。ただし、信頼や判断材料、そしてSEO対策などにも注意が必要です。作成の際のポイントは以下の5点です。
>
> **信頼が大切　オリジナル情報の掲載　必要情報の明示　より多くの判断材料を提供　掲載しなければいけない情報**

Section 60
高収益なアフィリエイトサイト作成法

Category 一般／企業・店舗・公式／**個人**／メール

ブログなどでも手軽に稼げると人気で、多くの方が挑戦しているアフィリエイト。そんなアフィリエイトでこそ、コンテンツの完成度が収益に直結します。こちらでは、アフィリエイトサイトを作成する際に重要となるポイントを解説します。

アフィリエイトサイトとは

アフィリエイトとは、Webページやメールに掲載した広告を経由して行われる商品の購入や、体験プログラムの申し込みの額や件数に応じて報酬をもらう成果報酬型の広告を指します。この**アフィリエイトにより収益を上げることを目的に作成されたWebサイトを、アフィリエイトサイトと呼びます**。

● アフィリエイトの仕組み

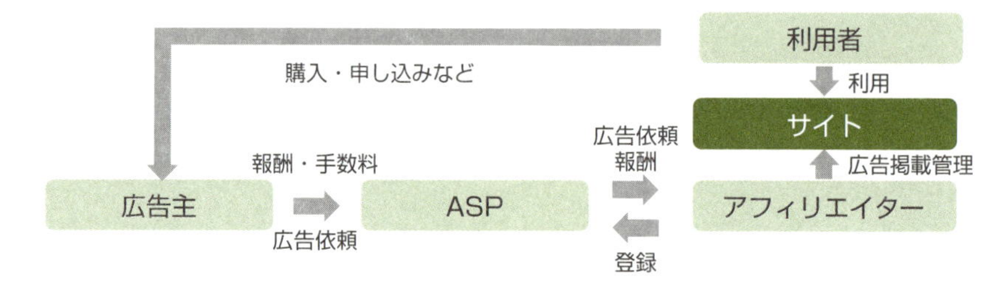

■ アフィリエイトサイトの特徴

アフィリエイトは、簡単に収入を得られるため、副業として利用する人や家事の合間に利用する主婦など、多くの人が利用しています。また、アフィリエイトサイトの運営を専門に行う人の中には、月に100万円以上を稼ぎ出す人も少なくなく、非常に人気の分野となっています。

また、さまざまな商品を紹介する点ではECサイトと似ていますが、**在庫がいらない点、注文を目標とせず目的のページへの誘導すれば良い点で異なり、ECサイトより簡単に始められる特徴があります**。自由度も高いアフィリエイトサイトには、特有の注意点やポイントがあるので、しっかりとおさえておきましょう。

アフィリエイトサイトの収益を決める商品選び

在庫リスクもなく紹介するだけで良いアフィリエイトは、紹介する商品を自由に選択できます。ただし、この商品選びによって収益がほとんど決まってしまうので、細心の注意を払って選択をしましょう。

■ 大前提はコンテンツ作成

アフィリエイトでは、SEO対策によって訪問者を集め、納得させ、目的の行動をさせる必要があります。そのためには、**紹介する商品に関してコンテンツを作成していける知識や熱意があることがもっとも重要になります**。

■ 報酬条件のチェック

アフィリエイトの報酬は、以下の3つのタイプに分かれます。この中で「申し込み型」は、保険見積もりやFXの口座開設など、無料の申し込みで高額な報酬を受け取れるものもあるので、非常に報酬を獲得しやすいタイプといえます。

商品販売型　：商品の購入が行われた際に、報酬が発生
申し込み型　：サービスの申し込みや資料請求が行われた際に、報酬が発生
クリック報酬型：表示している広告がクリックされた際に、報酬が発生

■ 売りやすい商品か否か

重要なのは報酬額だけではありません。**売りやすい商品か否かも重要なポイントです**。Webでは、価格が一律で実物の確認が不要である商品が売りやすくなります。家電製品のように、店舗によって価格が異なるものは、最終的に価格.comなどを利用されるので、なかなか報酬につながりません。また、実際に触ってみないとその性能が確認できないため、そのまま購入される可能性も低くなります。

▲画像だけで良し悪しがわかりにくい商品は、Webでは売りにくい商品です。

■ 競合サイトの状況もチェック

すでにあるライバルのサイトの状況も重要です。どんなにがんばったとしても、強力な競合サイトがひしめき合っている分野では、なかなか成果は上がりません。第2章で紹介した競合のチェック方法を利用し、勝てる分野を選ぶことも大切です。

アフィリエイトサイト作成時のポイント

商品選びが終了したら、実際にコンテンツを作成していきます。作成方法はこれまで紹介してきた方法をそのまま使えますが、特に注意すべきポイントを確認しておきましょう。

■ 効率の良い集客方法

アフィリエイトは、基本的に薄利多売のモデルです。利益を上げるためには効率の良い集客方法が必要となるので、**コンテンツの作成では、SEO対策を最優先します。**

本書の方法を身につけ、しっかりとテーマとキーワードを選択し、オリジナリティの高いコンテンツをできるだけ多く作成していくことから始めましょう。

■ キャラクター設定が大切

Webでは顔が見えないので、利用者に不信感を与えないことが大切です。それは、うしろ盾のない個人が運営するアフィリエイトサイトではなおさらです。

Webサイトを作成する前に想定されるターゲットと自分の知識量などをふまえ、自分のキャラクターを明確にしてからコンテンツ作成を開始しましょう。キャラクター設定をいい加減にすると、あとで取り返しのつかないことになりかねません。

▲一貫したキャラクターで、信頼度を高めましょう。

基本はテキストリンク

多くの人が、広告をクリックすることに少なからず抵抗を持っています。そのため、広告主が用意している画像などを利用した広告を利用するより、**文章中のテキストにさりげなく張った広告リンクの方が、クリックされやすい傾向があります。**

皆さんも、お得な不動産情報を紹介しているページで「お得な情報を知りたい方はこちらをご確認ください。」という一文の「こちら」に広告リンクが張られていれば自然とクリックするでしょう。しかし、「こちらをクリック」などと書かれた、いかにも広告とわかる画像があったら、クリックするのをためらうのではないでしょうか。

利用者の立場に立ったコンテンツ作成

直接商品販売や申し込みにつながらないコンテンツも、作成しましょう。誘導を目的にすると、文章の流れは制約され、コンテンツの情報価値は下がってしまいます。また、どのページを見ても広告ばかりでは、利用者の信用は得られず、ファンはついてくれません。広告が多いと、検索エンジンの評価も高まりにくい傾向があります。**ファン作りのためにも、検索エンジンの評価を高めるためにも、利用者にとって価値があると思われるコンテンツは、収益に直接つながらなくても積極的に作成しましょう。**

▲コンテンツの充実したサイトは、利用者だけでなく検索エンジンにも評価されます。

POINT　アフィリエイトサイトの成否を握る、商品選びと集客

アフィリエイトサイトの成否は商品選びと集客で決まります。適切な商品を選び、効率良く集客ができれば、大きな収益も夢ではありません。

・商品選び

大前提はコンテンツ作成　報酬条件のチェック　売りやすい商品か否か
競合サイトの状況もチェック　広告主も重要

・作成時のポイント

効率良い集客方法　キャラクター設定　基本はテキストリンク
利用者立場に立ったコンテンツ作成

Section 61

アイディアが大切！バズの効果的な利用法

Category 一般 企業・店舗・公式 **個人** メール

ブログやSNSなどの登場により、個人でも簡単に情報を発信できるようになり、また、その情報はものすごい勢いで拡散するようになりました。そのようなWebの情報拡散力を利用した、バズマーケティングについて簡単に触れておきます。

バズマーケティングとは

バズマーケティングとは、口コミ（Buzz）を利用したマーケティングのことを指し、特にWebに限定される用語ではありません。新しい概念ではありませんが、誰でも簡単に情報を発信でき、「いいね！」や「リツイート」などの機能で共有された情報がものすごい勢いで拡散するFacebookやTwitterなどの登場によって、近年注目を集めています。上手に利用すれば、費用をかけずに情報を拡散でき、爆発的な宣伝効果が得られます。

バズ利用時のポイント

■話題性が重要

SNSで共有されるためには、話題になりやすい内容であることが必要です。当たり前のことや、すでに誰もが知っていることを共有してくれる人はいません。新しい情報や常識を覆すような事実、そして感動の秘話など、多くの人が共有したくなり、「いいね！」や「リツイート」をしたくなる内容を入れることが大切です。

■共有しやすい分野を選ぶ

より多くの人に共有されるためには、分野も大切です。Facebookのような会社や取引先の人とつながっている公的なコミュニティでは、「ニュース」や「雑学」の分野が共有しやすくなります。Twitterのような表現に限定のあるメディアでは、写真や短文で簡単に伝わる、単純でわかりやすい内容が共有されやすい傾向があります。

■タイトルを工夫する

SNSなどのタイムラインで表示されるのは、スマートフォンなどではタイトルと小さな画像だけ、パソコンなどでもそれに数行の説明がつく程度です。つまり共有してもらえても、内容を確認してもらえるか否かは、表示されるタイトル次第ということです。

しっかりとタイトルに興味をひくワードを入れ、共有しやすくするとともに、共有されたときにしっかりと内容を確認してもらえるようにすることも大切です。

■SEO対策とセットで行う

バズマーケティングの話をすると、その爆発的に拡散した成功事例にとりつかれ、バズマーケティングさえやれば良いといい出す人が多くいます。しかしそれは誤りです。

まず、バズマーケティングでも、最初に拡散してくれる人の目に触れる必要があります。すでにたくさんの「いいね！」やフォロワーを獲得しているアカウントがあるなら別ですが、多くの場合、最初に知らせることができるのは、数十人から数百人の知り合い程度です。そのため、**自分たちのコミュニティ以外に情報を知らせるためには、SEO対策もしっかり行い、多くの人の目に触れるようにしておくことが必要になります。**

また、バズマーケティングはギャンブル的要素が大きく、常に成功できるとは限りません。集客を安定させ、常に目的を達成できるようにするために、SEO対策とセットで行うのが良いでしょう。

▲バズマーケティングでは、SEO 対策も併せて行うことが大切です。

POINT　バズマーケティングはSEO対策とセットで行う

当たり外れのあるバズマーケティングはSEO対策と一緒に行い、最低限の集客を確保しておくことが大切です。バズマーケティングを行う際のポイントは以下の4点です。

話題性が重要　共有しやすい分野を選ぶ　タイトルの工夫　SEO対策とセット

Section 62

リピート率を高めるメールマガジン作成法

Category 一般 企業・店舗・公式 個人 **メール**

メールを利用した広告やメールマガジンが氾濫している現在、知らない相手はもちろん、企業やお店からのメールもなかなか開封してもらえません。そのような状況下でも、開封率を上げ、効果を発揮するメールマガジンの作成方法を解説します。

メールマガジンとは

メールマガジンとは、発信者が電子メールを利用して、定期的に購読者に情報を届ける情報発信の一形態を指します。Webサイトへの再訪問を促すのはもちろん、実店舗への再訪問を促すのにも有効です。メールマガジンはWebサイトと異なり、1度送信してしまうと2度と修正できないので、作成には細心の注意が必要です。

メールマガジン作成時のポイント

■ 読みやすく工夫する

従来のテキスト形式のメールは、表現方法が限られているため、読みやすくなるような工夫が必要です。例えば、記号を利用して見出しや重要なポイントを目立たせたり、商品や内容ごとに区切ったりして、内容がしっかり伝わるようにします。また、一定文字数で改行するのも、読みやすくするポイントです。横幅の長い文章は読みにくいので、視線を横に移動しないで済む程度の長さで改行しましょう。また、OSやフォント環境によって文字化けしてしまう文字もあります。巻末の「補足」を確認し、文字化けしない文字を利用しましょう。

■ 件名を工夫する

メールマガジンは、メールを開封してもらわなければ始まりません。**件名を工夫し、購読者がメールを開封したくなるようにしましょう**。そのためには、第4章で解説したキャッチコピーの作成方法を使います。ただし、受信トレイで表示される件名の文字数は少ないので、できるだけ簡潔に作成し、伝えたい重要なキーワードは前のほうに入れ、必ず表示されるようにしましょう。

配信頻度と配信方法

ターゲットと目的によって、配信頻度や方法を決めることが大切です。頻度が高すぎれば購読をやめられてしまいますし、低すぎれば忘れられてしまいます。また、何回かに分けて利用者に一連の知識を提供するメールマガジンは、途中から購読を始めた人は理解できません。そのような場合は、購読の開始時期に関わらず、最初のメールから配信を開始するなどの工夫が必要です。

タイミングに注意する

メールの開封率は、配信された曜日や時間によって変わります。ターゲットやその内容によっても変わりますが、個人を対象にする場合は、就業時間以外に、企業を対象にする場合は、就業時間内に送ると、ほかのメールに埋もれにくくなります。

まずは類似サービスのメールマガジンに登録し、それらが配信される曜日と時間を参考にしましょう。

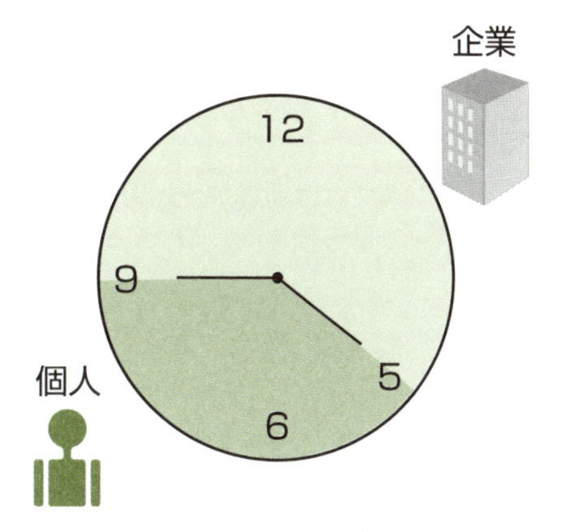

▲ターゲットによって、メールマガジンを送るタイミングは変わります。ターゲットに合わせて配信時間を調整しましょう。

バックナンバーを用意する

Webサイトでバックナンバーを公開しておくと、内容が確認でき、購読を開始しやすくなります。また、Webサイトのコンテンツ量も増え、更新頻度も高まるので、SEO対策においても効果があります。

> **POINT メールマガジンは開封させる工夫が大切**
>
> 多量のメールが行きかう現在では、配信するタイミングや件名を工夫し、まずは開封してもらうことが大切です。メールマガジンを配信する際のポイントは以下の5点です。
>
> **読みやすく工夫　件名を工夫　配信頻度と配信方法　タイミングに注意**
> **バックナンバーを用意**

Section 63

メディアを利用! 効果的なリリース文作成法

Category 一般 企業・店舗・公式 個人 **メール**

1日数百通届くリリース文の中から、新聞社や出版社の編集部が取り上げてくれるようにするには､どのような工夫が必要でしょうか。影響力の大きいマスメディアを利用し、より効果的に情報を拡散するポイントを解説します。

リリース文とは

リリース文とは、新聞社や出版社などのメディアに、新製品や新サービス、リニューアルなどの情報を伝え、記事として取り上げてもらうことを目的とする文章です。うまくいけばタダでメディアに掲載され、大きな露出ができるとともに、それ自体が実績にもなるリリース文の配信は、ぜひチャレンジしたい取り組みです。

リリース文作成時のポイント

■ 編集者目線で書く

リリース文は、編集者が扱いたくなる内容を考えて書くようにします。たとえ良い内容でも、記事として見栄えがしなければ採用されません。リリース文中には、新しい技術やそれによる影響など、記事になる内容を考えて明示します。インパクトが弱い場合は､サービスをリリースした背景や思いなどを加え、記事として扱いやすく、伝える価値があると判断してもらえる要素を提供しましょう。

また、専門用語は極力使わないようにします。使う場合は注釈などをつけ､しっかりと解説しましょう。

▲専門用語を使うのは避け、わかりやすい言葉で相手に伝わる内容にしましょう。

■ 必要情報を入れる

「リリース日」と「発信元」、「会社概要」や「問い合わせ先」の情報を忘れる人がいるので注意が必要です。問い合わせ先はメールアドレスだけでなく、電話番号やFAX番号、住所など複数の連絡先を記載し、問い合わせがあった際に適切に対応できるよう、担当者の名前も明記しましょう。

● リリース文に必要な情報

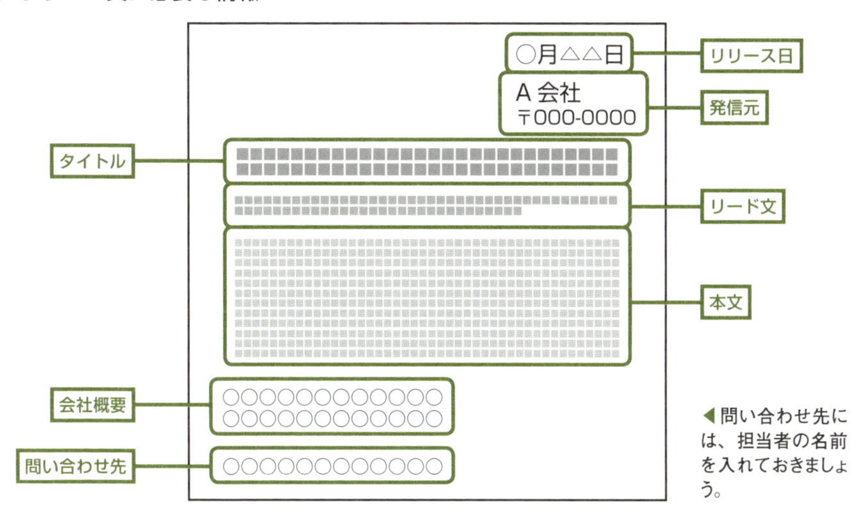

◀問い合わせ先には、担当者の名前を入れておきましょう。

■ ニュース性を明確にする

メディアは、読者に伝える価値があると判断したときのみリリース文を採用してくれます。そのため、**「価値がある」と思われるニュース性を明確にし、しっかりと盛り込むことがリリース文作成の第一歩です**。メールの件名、本文のタイトル、本文の前におくリード文でこのニュース性をしっかりとアピールしなければ、メールを開封してもらうことも、本文を読んでもらうこともかないません。

■ ニュースから裏づけへ

始めにニュース性を伝えたら、次に裏づけとなるデータを掲載します。製品やサービスの概要や実績、開発やリニューアルの背景を伝え、対象行為の影響力や意義を裏づけます。編集者は、ここに掲載されている内容に納得できるか否かで、記事にできるかどうかを判断するので、具体的にわかりやすく書くように心がけましょう。

■ 客観的な文章にする

できるだけ大げさな表現や誘い文句をなくし、客観的な情報とそれを裏づけるデータや事実で構成しましょう。広告枠をしっかりと設け、それを支えるコンテンツとして各種の記事を提供している新聞や雑誌などのメディアは、記事でまで宣伝内容を提供するつもりはありません。いくらメディアを宣伝に使いたくても、宣伝臭のする文章を作成すると採用してもらえません。

■ 分量にも注意する

分量は多くなりすぎないようにし、A4用紙1枚に収まる程度にします。編集者のもとには、1日に何百通ものリリース文が届くので、あまりに文章が長いと、すべて読んでもらえない可能性が高くなります。タイトルやリード文などリリース文の前のほうで伝えたい内容を伝えるのはもちろん、全体を読んでもらえるよう、極力ムダを省き、簡潔な内容にしましょう。

▲読む側のことを考えて分量は調整しましょう。

■ タイミングも大切

発表してから時間の経った内容を送っても、扱われる可能性は非常に低くなります。また、メディアとしても、情報を拡充し、より大々的に扱うために取材の時間が必要です。製品やサービスを発表する際にはリリース文も用意しておき、発表日より少し前にリリース文を送ると、採用される可能性が高まります。ただし、発表前に競合に製品やサービスの仕様を知られたくない場合は、発表日と同時にリリース文を送りましょう。

POINT　リリース文は掲載したくなる情報が必須

メディアは広告枠としてリリース文を採用するわけではないので、価値を認められる情報が必須となります。作成する際のポイントは以下の7点です。

編集者目線で書く　必要情報を入れる　ニュース性を明確にする
ニュースから裏づけへ　客観的な文章　分量にも注意　タイミングも大切

第7章 プロも使う無料ツール紹介 Webライティング編

Section 64

無料ツールで企画作業を一括して行う

Category 利用方法

Webライティングでもっとも手間がかかるのは、キーワードの選定から人気トピックスの調査までの企画作業です。これを効率化できるか否かで、作成できるコンテンツの量は大きく変わります。この企画作業を一括でできるツールを紹介します。

作業を楽にするファンキーライティング

第2章で解説した通り、**企画におけるキーワードの選定から人気のトピックスを選定するまでの作業は、コンテンツの設計にあたり、作成したコンテンツの成否を大きく左右します**。しかし、多量のデータを処理する作業は大きな負担であり、コンテンツ作成の1つの壁となってしまいます。その壁を低くしてくれるのが、「ファンキーライティング」(FunkeyWriting)です。

ファンキーライティングは、キーワードのニーズと将来性をチェックできるファンキーワード(FunkeyWord)、競合をチェックして勝てるキーワードを確認するファンキーライバル(FunkeyRival)、そして人気トピックスを確認できるファンキートピックス(FunkeyTopics)の3つのツールからなります。

ファンキーライティングを利用した企画作業

■ キーワードをチェックする

❶ ブラウザからファンキーワード(http://funmaker.jp/seo/funkeyword/)にアクセスし、画面上部にあるテキストボックスにキーワードを入力し、<チェック>をクリックします。

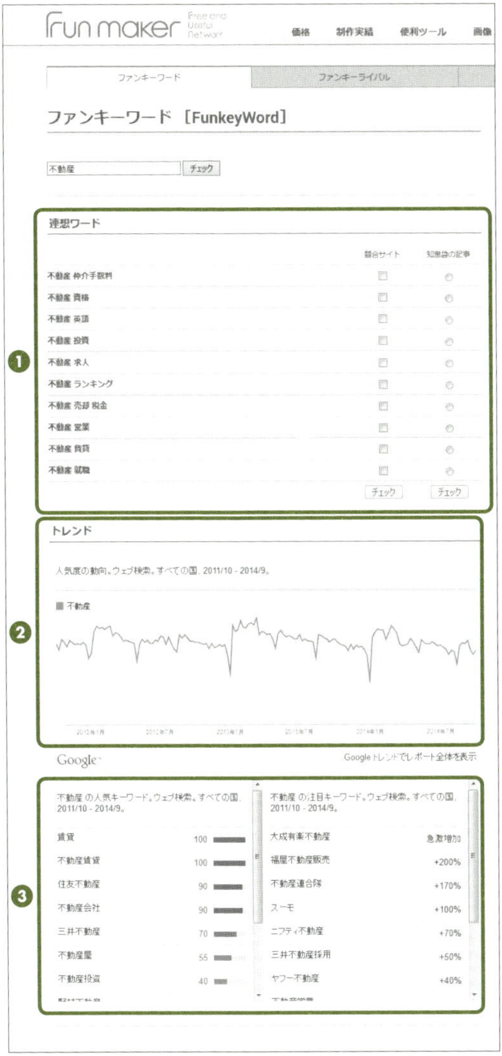

❷「連想キーワード」「トレンド」「人気のワード」の3つのデータが表示されます。「連想キーワード」には、入力したキーワードとセットで検索されることの多い単語が一覧表示されます。また、「トレンド」と「人気のワード」には、Google トレンドのデータが表示されます。これらのデータを一括で確認できるので、複数のサービスを行き来せずに、簡単に書きやすく将来性のあるキーワードを選定できます。

❶連想キーワード
❷トレンド
❸人気のワード

MEMO 連想ワードはGoogle サジェストのデータを利用

ファンキーワードの連想ワードは、Googleでキーワードを入力した際にリスト表示される、入力キーワードと一緒に検索されやすい単語になります。そのため、特定のキーワードをもとに選定する作業では便利ですが、類語を含めてキーワードを選定したい場合は、第2章で解説したキーワードプランナーでキーワードを絞り込み、競合チェックのファンキーライバルから利用したほうが良いでしょう。

■競合サイトと人気トピックスをチェックする

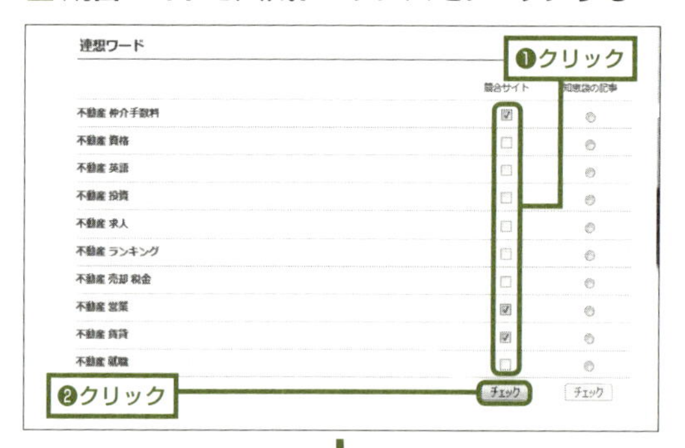

❶ テーマとして利用する候補キーワードが決まったら、競合サイトをチェックします。P.199手順❷でキーワードの横のチェックボックスにチェックを付け、<チェック>をクリックします。なお、同時に3キーワードまでチェックできます。

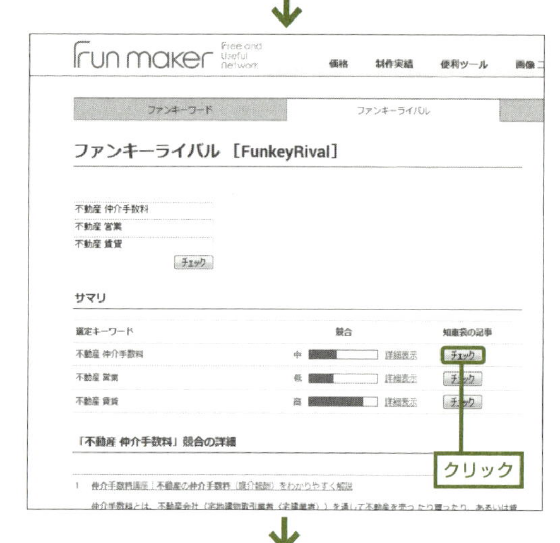

❷ ファンキーライバル(http://funmaker.jp/seo/funkeyrival/)に移動し、チェック結果が表示されます。競合の強さは「低」「中」「高」の3段階で表示され、「高」の場合は、競合が強いので利用を避けます。キーワードを選定したら、人気トピックスを確認するため、キーワードの右に表示される「知恵袋の記事」の<チェック>をクリックします。

❸ 人気トピックス確認ツールのファンキートピックス(http://funmaker.jp/seo/funkeytopics/)に移動し、選択したキーワードに関連するYahoo!知恵袋の質問が、回答数の多い順に一覧表示されます。タイトルだけでなく、質問とベストアンサーの抜粋も確認でき便利です。

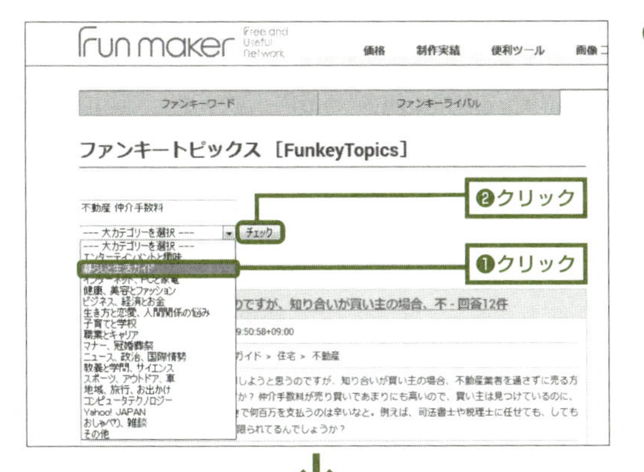

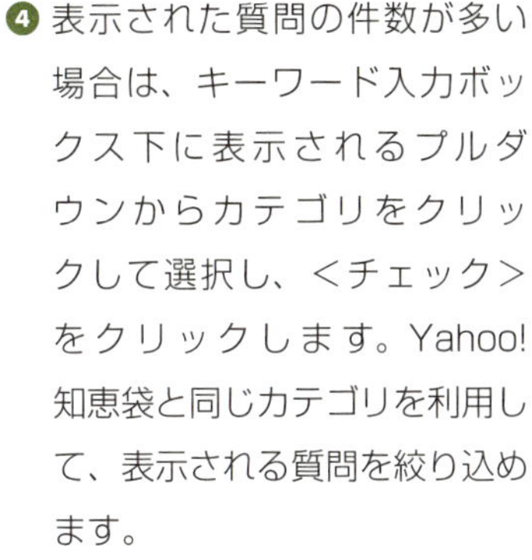

❹ 表示された質問の件数が多い場合は、キーワード入力ボックス下に表示されるプルダウンからカテゴリをクリックして選択し、<チェック>をクリックします。Yahoo!知恵袋と同じカテゴリを利用して、表示される質問を絞り込めます。

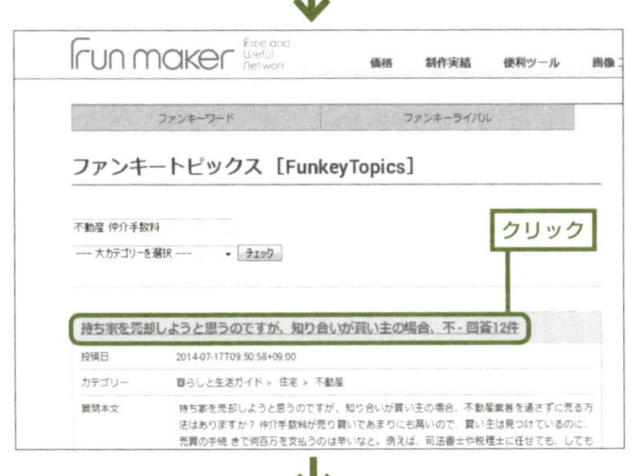

❺ 質問とベストアンサーの抜粋を見て良さそうな質問があったら、質問のタイトルをクリックします。Yahoo! 知恵袋の質問ページが開くので、詳細内容を確認しましょう。

❻ 質問ページでベストアンサー以外の回答や質問者、回答者の情報を確認し、対象の内容を扱うか判断します。

POINT ファンキーライティングで「企画」作業の効率化

Webライティングにおいて、企画はもっとも大切で面倒な作業の1つです。できるだけ効率的に行い、より多くのコンテンツの作成を目指しましょう。

Section 65

無料ツールでテキストを編集する

Category 利用方法

Webコンテンツは、装飾をHTMLやCSSなどの専用の言語で行うため、ムダな情報が付加されず、文字情報だけのデータを作成できるソフトで文章を作成するのが一般的です。ここでは、文字数のカウントや一括変換などもできる無料ソフトを紹介します。

非常に便利なサクラエディタ

文字情報（テキスト）のみのファイルを作成、編集、保存するためのソフトウェアのことをテキストエディタと呼び、Webの世界はもちろん、ITの世界では広く利用されています。ここではテキストエディタの中で、フリーウェアとして配布されている日本製のテキストエディタ、「サクラエディタ」を紹介します。

サクラエディタは無料で使えるテキストエディタでありながら、多機能で、利用しやすく、プロの世界でも良く使われているソフトです。文章作成時はもちろん、HTMLファイルやCSSファイルの作成時にも利用でき、使いこなせば、大規模システムのプログラミングもできてしまう優れたソフトです。ただ、残念ながらWindows用のソフトのため、Macでは利用できません。

サクラエディタをインストールする

❶ ブラウザから、サクラエディタのダウンロードページ（http://sakura-editor.sourceforge.net/download.html）にアクセスし、「最新版ダウンロード」のリンクをクリックしてインストーラーをダウンロードします。

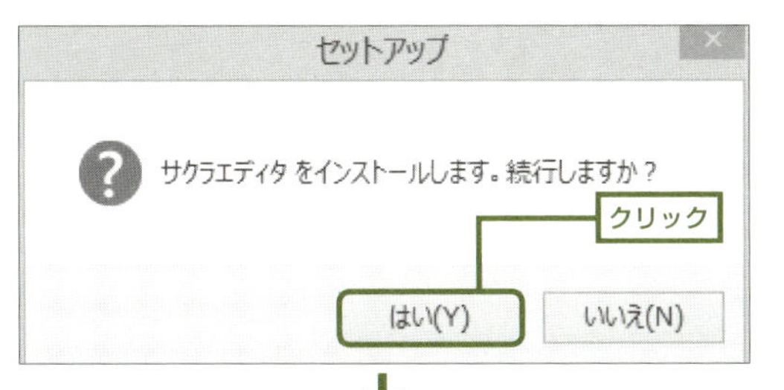

❷ ダウンロードしたインストーラーを起動したら、表示される指示に従い、<はい>や<次へ>をクリックして進みます。

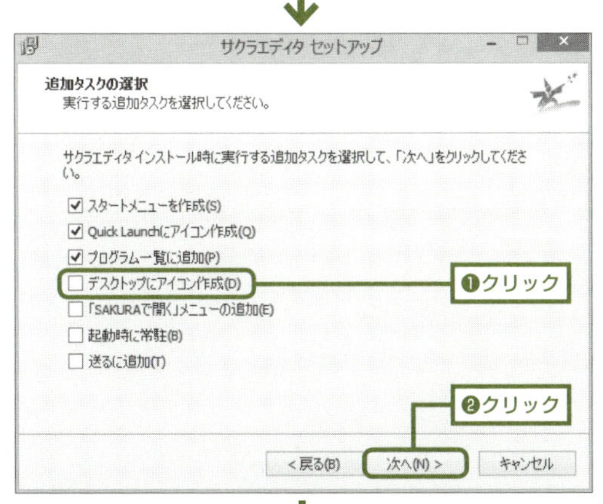

❸「追加タスクの選択」画面が表示されたら、<デスクトップにアイコンを作成>をクリックしてチェックを付けます。これでいつでもデスクトップからサクラエディタを起動させられるようになります。<次へ>→<インストール>をクリックしてインストールを完了します。

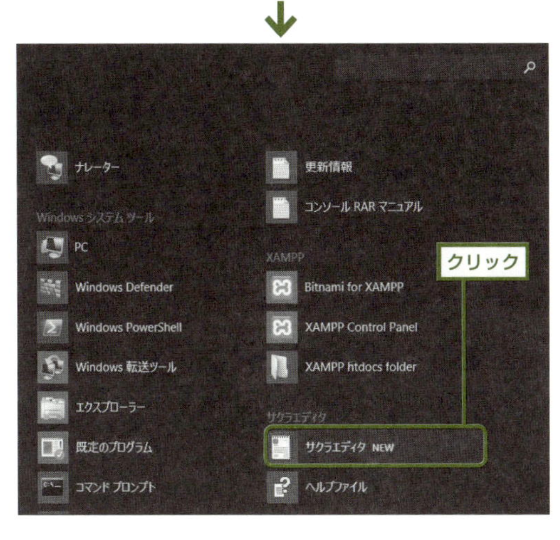

❹ インストールが終了したら、アプリ画面から「サクラエディタ」をクリックして起動します。手順❸で<デスクトップにアイコンを作成>にチェックを付けていれば、デスクトップ上のアイコンからも起動できます。

POINT

Webの作業をするならテキストエディタは必須

Webに関する作業をするなら、テキストエディタは必須です。自分の使いやすいソフトを探し、使いこなせるようになりましょう。

Section 66

無料ツールで画像を編集する

Category 利用方法

画像や写真の編集ソフトでは、AdobeのPhotoshopやIllustratorが有名ですが、高価なソフトなので個人で購入するのは大変です。ここでは、コンテンツ作成で必須の画像編集ソフトとして、無料で使える「ペイント」の使用法を紹介します。

無料で使えるペイント

Webコンテンツの作成では、見た目を良くしたり、よりわかりやすくするために、画像を扱う機会が頻繁にあります。ロゴやアイコンの作成、ページの表示速度が遅くならないようにする画像サイズの変更、見栄えを良くするための画像の加工など、やりたいことはたくさん出てくるでしょう。

本格的な作業ではPhotoshopやIllustratorなどの専門的なソフトが必要になりますが、簡単な作業なら、Windowsに最初からインストールされている画像編集ソフトの「ペイント」でも十分です。

ペイントで画像サイズを変更する

❶ アプリ画面を開き、<ペイント>をクリックし「ペイント」を起動します。

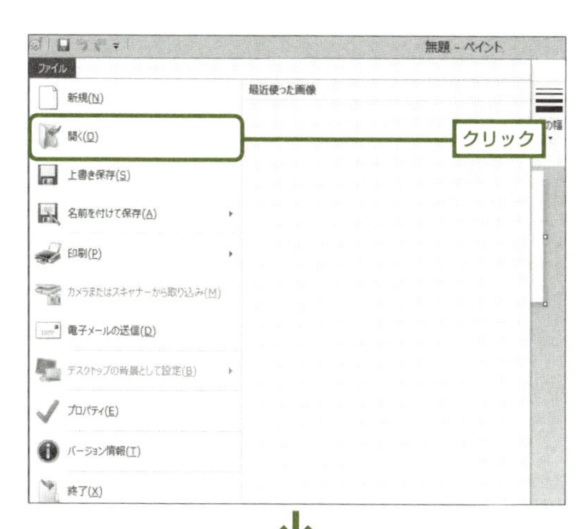

❷ ペイントを起動したら、<ファイル>→<開く>をクリックします。

❸ 編集したい画像をクリックして選択したら、<開く>をクリックすると、ペイントに選択した画像が表示されます。

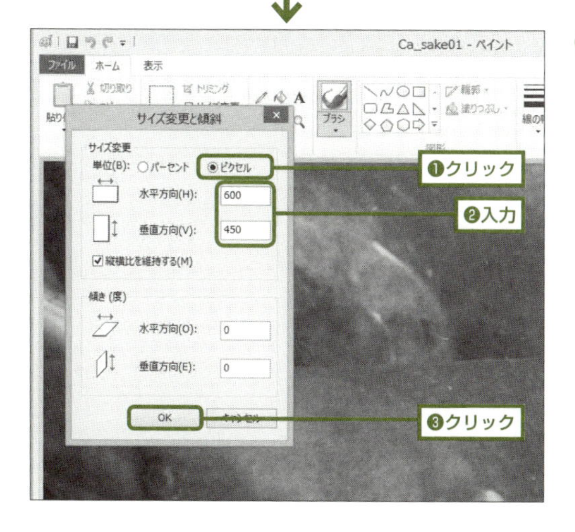

❹ ウィンドウ上部に表示される<サイズ変更>をクリックし、<ピクセル>をクリックしたら、変更したいサイズを入力して< OK >をクリックすればサイズ変更は完了です。この際、画像の縦横比がずれてしまわないように「縦横比を維持する」のチェックを付けておくことに注意しましょう。

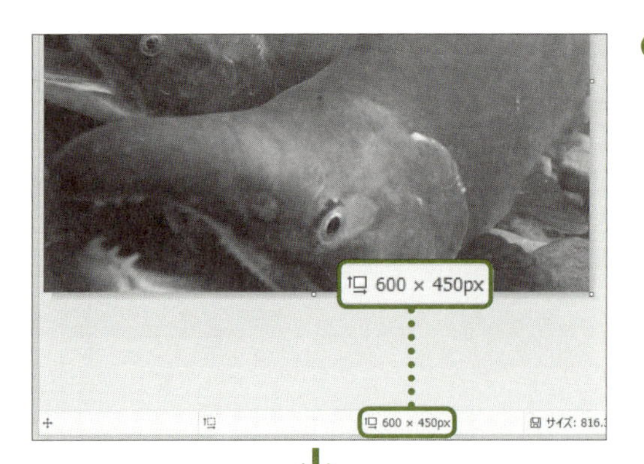

❺ ウィンドウ下に表示される値を確認すれば、画像が指定したサイズに変更できたことを確認できます。

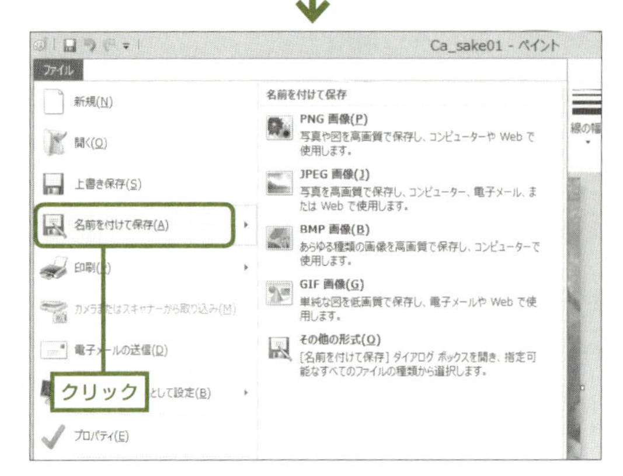

❻ 作成が終了したら、<ファイル>→<名前を付けて保存>を選択し、適切な形式を選択して保存します。保存形式は、写真などの画像「JPEG」、ロゴや図形などの単純画像は「GIF」、迷ったときは「PNG」を選択すれば大丈夫です。

ペイントで画像を編集する

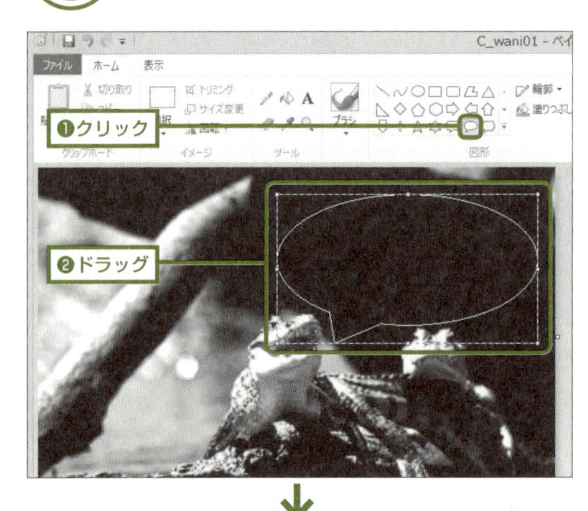

❶ 写っているワニに吹き出しをつけて何かしゃべらせてみましょう。「ペイント」を起動したら、用意されている図形の中から💬をクリックし、ドラッグ操作で口をあけているワニの口元に吹き出しを入れます。

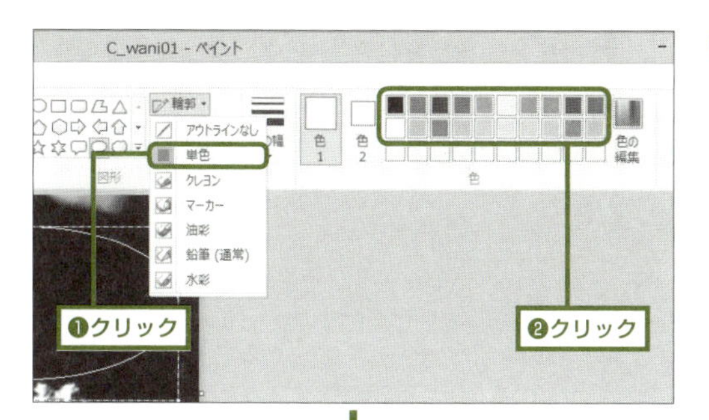

❷ 吹き出しを描いたら、塗りつぶしは＜塗りつぶしなし＞、輪郭は＜単色＞を選択し、右に表示されるカラーパレットから好きな色を選びましょう。

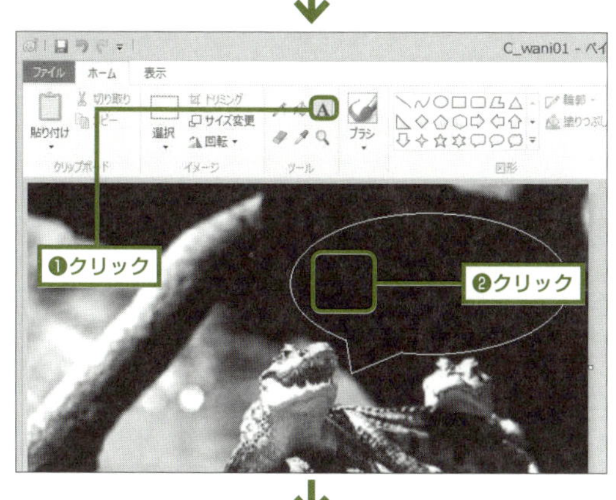

❸ 次は文字を入力します。ウィンドウ上部の**A**をクリックし、文字を入力したいところをクリックすれば、文字が入力できます。

❹ 入力した文字は、ドラッグ操作で選択し、フォントやフォントサイズ、色などを変更できます。必要に応じて調整しましょう。完成したら、P.206手順❻を参考に、画像を保存しましょう。

POINT 簡単な画像編集は「ペイント」で十分

Windowsに搭載される「ペイント」を利用すれば、簡単な画像の作成や加工ができます。高価なソフトを購入せず、ペイントの利用から始めることをお勧めします。

Section 67

Q&Aサイトで話題やターゲットを調査する

Category 利用方法

多くの人が興味を持っているトピックスを探す際や、コンテンツのアイディア出し、そしてターゲットの調査に便利なのがQ&Aサイトです。第2章でも解説しましたが、その利用方法をあらためて確認しておきましょう。

便利なQ&Aサイト

特定のテーマにおいて話題になっているトピックスやターゲットを特定する際に便利なのがQ&Aサイトです。Q&Aサイトでは、Webを利用するさまざまな人が、気になったり疑問を持ったことを気軽に質問しているので、質問や回答の数や傾向を確認すれば、Web上で話題になっているトピックスを確認できます。自分で質問すれば、Webにない情報でも収集でき、コンテンツ作成に欠かせないツールです。代表的なQ&Aサイトを紹介するので、自分に合ったサイトを選び、利用してみましょう。

● 代表的なQ&Aサイト

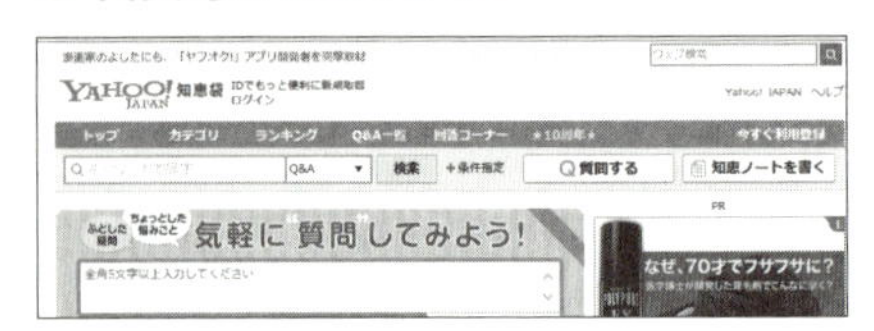

Yahoo! 知恵袋

URL http://chiebukuro.yahoo.co.jp/

▲日本最大のポータルサイトYahoo!JAPANが運営するQ&Aサイト。

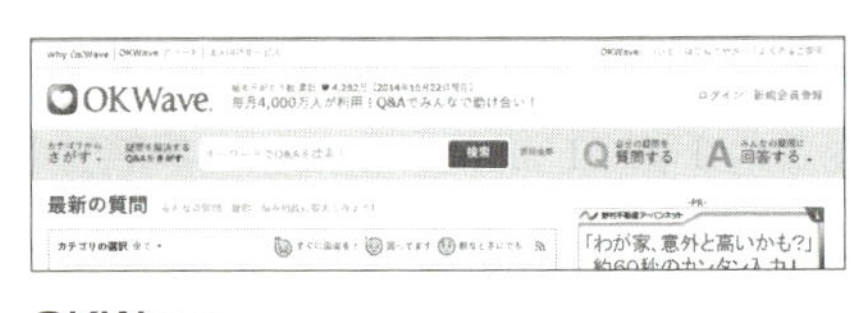

OKWave

URL http://okwave.jp/

▲株式会社オウケイウェイヴが運営するQ&Aサイト。「教えてgoo」や「@nifty教えて広場」など多数のQ&AサイトはOKWaveの情報を掲載しています。

人力検索はてな

URL http://q.hatena.ne.jp/

▲株式会社はてなが運営する人力による検索を主旨としたQ&Aサイト。

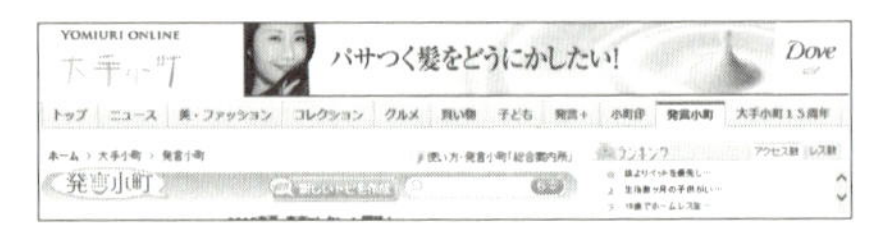

発言小町

URL http://komachi.yomiuri.co.jp/

▲読売新聞社が運営する女性向け電子掲示板形式の投稿コーナー。

Yahoo!知恵袋でトピックスを確認する

❶ ブラウザから Yahoo! 知恵袋（http://chiebukuro.yahoo.co.jp/）にアクセスし、画面上部にある<カテゴリ>をクリックします。

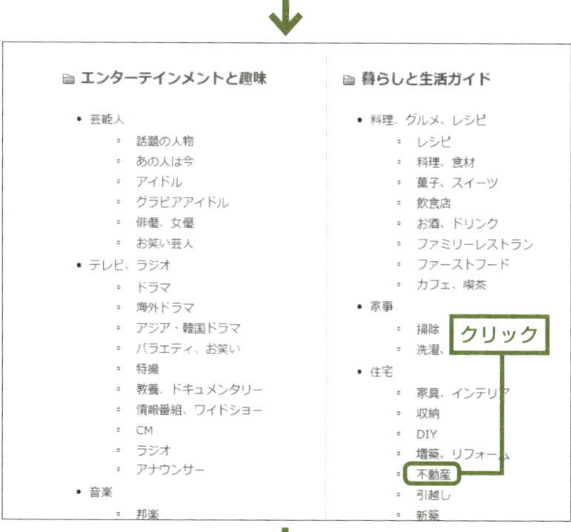

❷ カテゴリ一覧が表示されたら、選定したテーマにもっとも近いカテゴリ（ここでは「不動産」）をクリックして選択します。

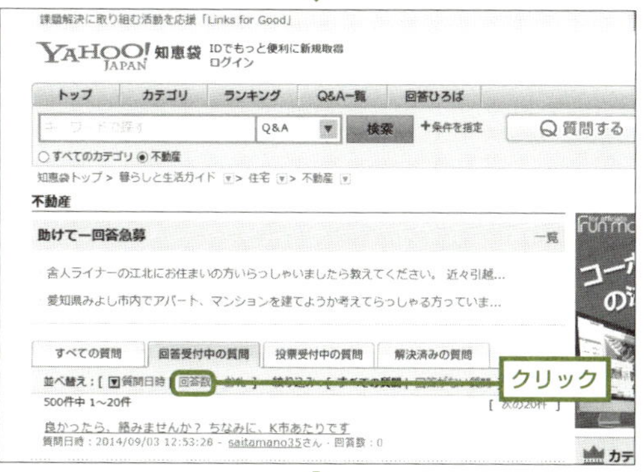

❸ 選んだカテゴリに属する質問の一覧が表示されます。<すべての質問>→<回答数>をクリックして並べ替えます。回答数が多い質問は、それだけ多くの人が興味を持った質問といえます。

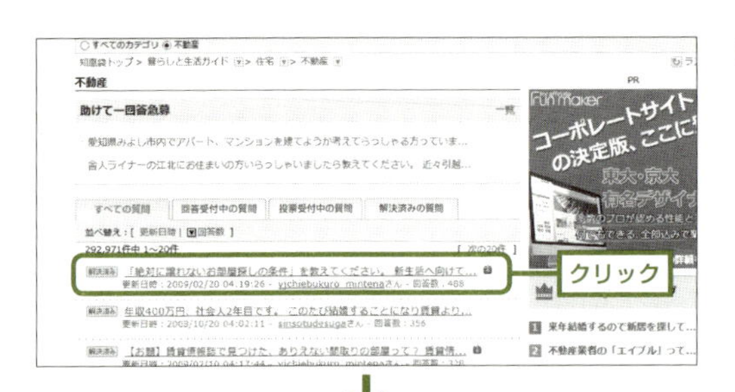

❹ 上から順に質問のタイトルを見て、書きたいテーマに関連していそうな質問のタイトルをクリックし、質問の詳細と回答を確認します。

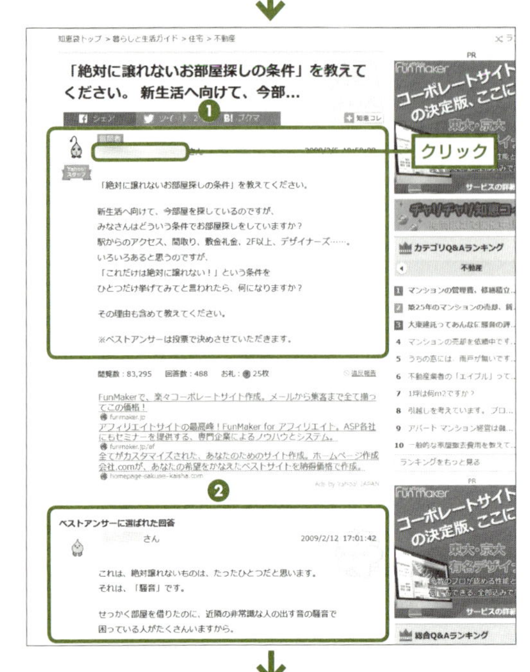

❺ 質問の個別ページでは、1番上に質問の全文、そしてそのすぐ下に、その質問に対する回答の中でもっとも良いとされた回答「ベストアンサー」が表示されます。回答が複数ある場合は、ベストアンサーの下に回答が続いて表示されます。また、質問者及び回答者のIDをクリックすると、そのIDの詳細情報を確認できます。

❶質問の全文
❷ベストアンサー

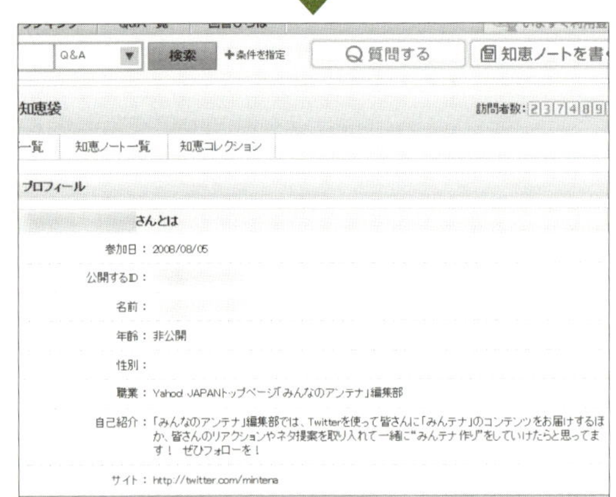

❻ IDの詳細情報では、年齢、性別、職業などの情報から、その人が過去にした質問や回答の一覧まで、さまざまな情報を確認できます。質問者や回答者のID情報から、ターゲットを具体的にイメージし、トピックスが目的に合っているかの判断はもちろん、キャラクター設定などに生かします。

質問数が少ない場合

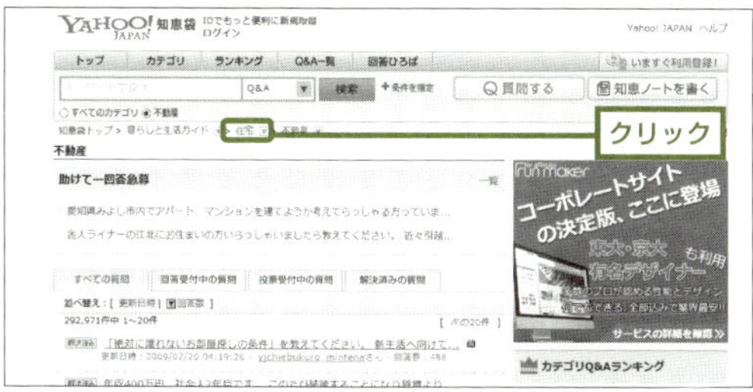

❶ 質問が少なく、ほしい情報が見つからない場合は、1つ上の階層のカテゴリのリンク（ここでは「住宅」）をクリックし、より大きなカテゴリに移動します。

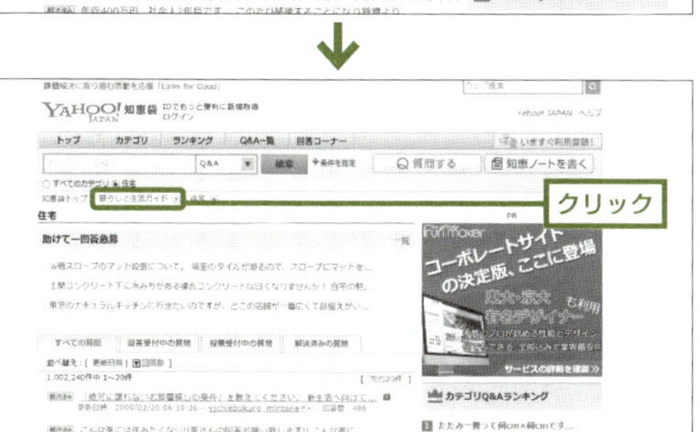

❷ カテゴリのくくりを大きくしても質問数が少ない場合は、より上のカテゴリに移動しましょう。

質問数が多い場合

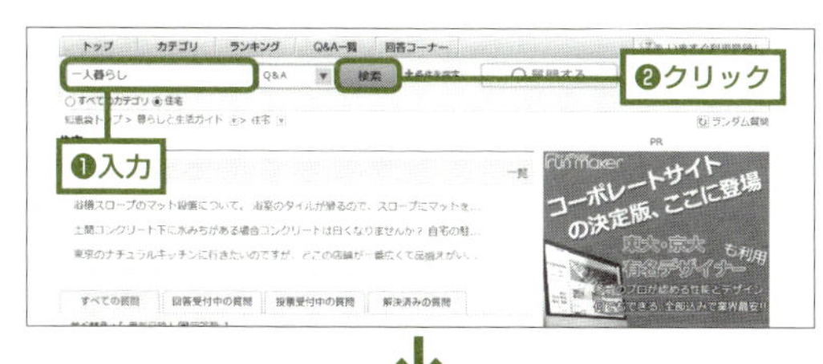

❶ 質問が多く、絞り込みが大変な場合は、より下のカテゴリに移動するか、検索ボックスにキーワードを入力し、<検索>をクリックして絞り込みます。

❷ 適切な質問が絞り込まれない場合は、キーワードを変えて再度検索をしましょう。

POINT　さまざまなQ&Aサイトを使いこなそう！

1つの情報源だけでは、ネタが尽きやすいです。皆が知らない価値あるネタはマイナーなサービスにこそあるものなので、複数のQ&Aサイトを参考にしましょう。

Section 68 無料ツールで文章を校正する

Category 利用方法

コンテンツを作成したら、誤字や誤変換、言葉の誤用はもちろん、不適切な表現や難しい表記などのチェックが必要です。この作業を効率化し、非常に簡単にしてくれる無料ツールがあるので、ぜひ使ってみましょう。

無料で多機能な日本語文章校正ツール

誤字や誤変換、言葉の誤用などのチェックは、Microsoft Word の「校閲」ツール内にある「スペルチェックと文章校正」機能が役立ちますが、高価なことが難点です。ここでは、**最大1万字までの文章の誤字や誤変換はもちろん、言葉の誤用や不快語のチェック、ら抜き言葉などの簡単なチェックができる便利な無料ツールとして、「日本語文章校正ツール」を紹介します。**

日本語文章校正ツールbeta

TOP | 凡例説明 | 利用規約 | お知らせ | 統計情報

» ブログ校正用ブックマークレット » IE8用アクセラレータ new! » サイトマップ

文章の問題点をワンクリックで簡単チェック

いいね！ シェア 11
ツイート 62　+1 +53 Google でおすすめする

文章に言葉の間違いや不適切な表現が含まれていないか調べます。最終チェック時のあら探しに最適なツールです。公開前・納品前の校正作業にお役立てください。ブログの編集画面からのチェックや、IE8では画面上で範囲選択した文字列のチェックも可能です。

文章を入力 最大1万字まで。4千字未満を推奨。あまり多いと固まります。 クリア

□設定をカスタマイズする

上記の内容でチェック

日本語文章校正ツール

URL https://www.japaneseproofreader.com

▲無料で利用できる日本語文章校正ツールです。Web 上に公開されているため、ダウンロードする必要もなく、インターネットに接続すればいつでも利用できます。

日本語文章校正ツールで文章をチェックする

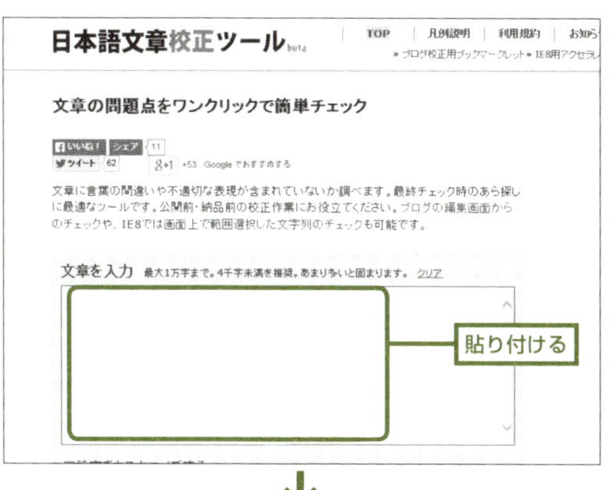

❶ ブラウザから日本語文章校正ツール（https://www.japaneseproofreader.com）にアクセスし、テキストエリアにチェックしたい文章を貼り付けます。

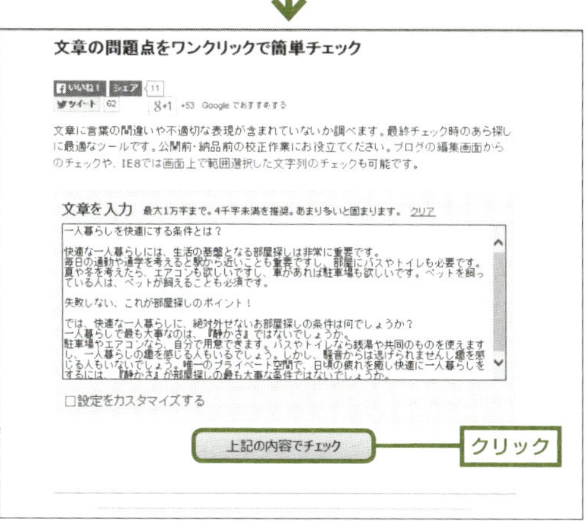

❷ 文章を貼り付けたら、テキストエリア下の<上記の内容でチェック>をクリックします。

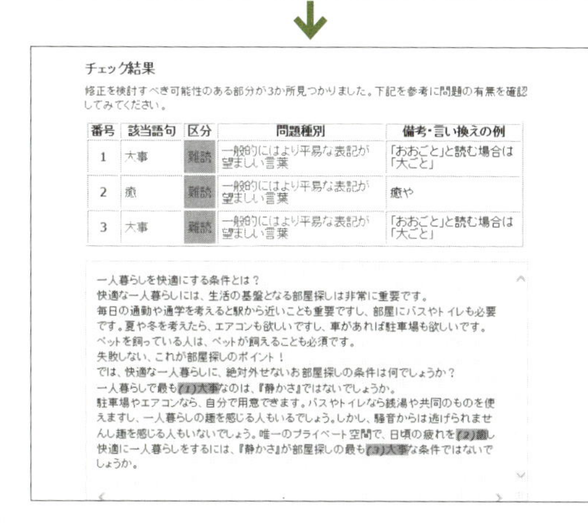

チェック結果

修正を検討すべき可能性のある部分が3か所見つかりました。下記を参考に問題の有無を確認してみてください。

番号	該当語句	区分	問題種別	備考・言い換えの例
1	大事	難読	一般的にはより平易な表記が望ましい言葉	「おおごと」と読む場合は「大ごと」
2	癒	難読	一般的にはより平易な表記が望ましい言葉	癒や
3	大事	難読	一般的にはより平易な表記が望ましい言葉	「おおごと」と読む場合は「大ごと」

一人暮らしを快適にする条件とは？
快適な一人暮らしには、生活の基盤となる部屋探しは非常に重要です。
毎日の通勤や通学を考えると駅から近いことも重要ですし、部屋にバスやトイレも必要です。夏や冬を考えたら、エアコンも欲しいですし、車があれば駐車場も欲しいです。
ペットを飼っている人は、ペットが飼えることも必須です。
失敗しない、これが部屋探しのポイント！
では、快適な一人暮らしに、絶対外せないお部屋探しの条件は何でしょうか？
一人暮らしで最も(1)大事なのは、『静かさ』ではないでしょうか。
駐車場やエアコンなら、自分で用意できます。バスやトイレなら銭湯や共同のものを使えますし、一人暮らしの趣を感じる人もいるでしょう。しかし、騒音からは逃げられませんし趣を感じる人もいないでしょう。唯一のプライベート空間で、日頃の疲れを(2)癒し快適に一人暮らしをするには、『静かさ』が部屋探しの最も(3)大事な条件ではないでしょうか。

❸ チェック結果に「該当語句」「区分」「問題の種別」「備考・言い換えの例」の一覧と、原文における該当箇所が表示されます。必ずしも指摘内容が正しいとは限らないので、しっかりと内容を判断し、適切と思われる箇所は原文を修正しましょう。

チェック内容の詳細を設定する

日本語文章校正ツールでは、チェック内容の設定もできます。P.213手順❶の画面で<設定をカスタマイズする>をクリックすると、チェックする項目を設定できます。

基本的にすべての項目をチェックし、結果を見て修正するか否か判断するのが良いでしょう。チェックできる内容は以下の通りです。

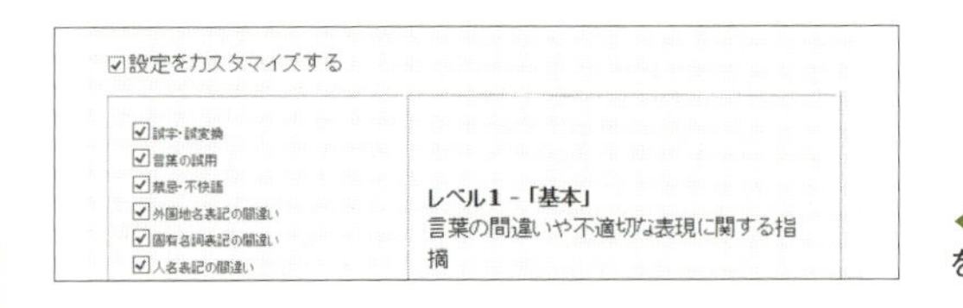

◀チェックしたい項目をクリックして、チェックを付けます。

言葉の間違いや不適切な表現に関する指摘

- 誤用
  誤字・誤変換　言葉の誤用　外国地名表記の間違い　固有名詞表記の間違い　人名表記の間違い　ら抜き言葉
- 不適切
  禁忌・不快語　登録商標など不用意に使うべきでない用語　環境依存文字（機種依存文字）

誰でもわかりやすい表記にするための指摘

- 仮名表記が望ましい当て字　常用漢字表外の漢字　略語　一般的にはより平易な表記が望ましい言葉

上手な文章に仕上げるための指摘

- 二重否定　助詞不足　冗長表現

POINT 「日本語文章校正ツール」の結果は自分の目で判断

日本語文章校正ツールは非常に便利ですが、完璧ではありません。その結果は、あくまで校正作業を効率化するための参考であり、自分の目で判断する必要があります。

プロも使う無料ツール紹介 SEO対策編

Section 69
無料ツールで検索件数を調査する

Category 利用方法

Webでは、各キーワードの利用状況を知ることができます。さまざまなデータを簡単に取得できることはWebの大きな特徴であり、また、そのデータを生かして対策することが、成功への近道となります。

検索件数を確認できるキーワードプランナー

Webサイトを成功させるには、データにもとづく作業が大切です。**検索件数の多いキーワードを選び、訪問者数やアクション率を確認し、そのデータにもとづいた対策をとらなければ、なかなか成功はできません。**検索件数を確認し、ニーズのある分野とキーワードを選ぶ際に便利なのが、「キーワードプランナー」です。

Googleが提供するキーワードプランナーは、指定したキーワードがGoogleで月にどれぐらい検索されているかを確認できるツールです。日本では、検索エンジンとしてGoogleが約4割、Yahoo!Japanが約5割、そのほかが約1割の割合で利用されているので、得られた結果を2.5倍すれば、日本での月間の検索件数が概算できます。

キーワードプランナーの利用方法

キーワードプランナーには4つのオプションがあり、検索件数の確認では、以下の3つのオプションを利用します。

- 新しいキーワードと広告グループの候補を検索
- キーワードの検索ボリュームを取得、またはキーワードを広告グループに分類
- キーワードのリストを組み合わせて新しいキーワード候補を取得

1つ目の「新しいキーワードと広告グループの候補を検索」するオプションは第2章で解説したので、ここではキーワードプランナーを利用するために必要なGoogle アドワーズの登録方法と、残りの2つのオプションの利用方法を解説します。

Google アドワーズに登録する

キーワードプランナーを利用するには、Google アドワーズへの無料登録が必要です。まずは、その方法を確認しましょう。

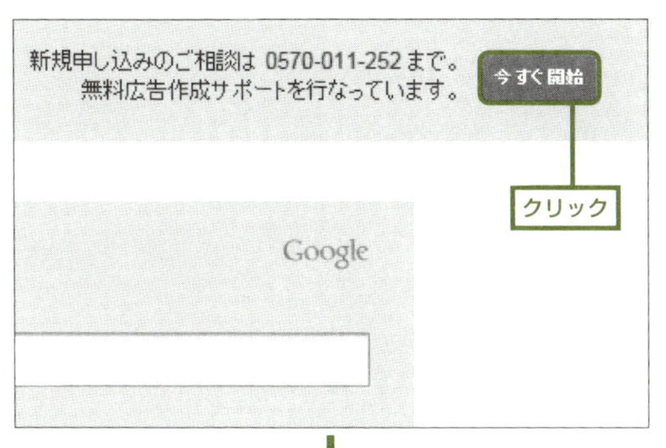

❶ ブラウザから Google アドワーズ（http://adwords.google.com/）にアクセスし、画面右上の<今すぐ開始>をクリックします。

❷ アカウントの作成画面が表示されるので、画面の説明に従って必要事項を入力します。ここの設定内容はあとから変更できないので、間違いのないようにしましょう。入力が終了したら画面下の<保存して次へ>をクリックします。

❸ Google アドワーズのログイン画面が表示されるので、Google のアカウント情報を入力してログインすれば、利用を開始できます。Google のアカウントを持っていない場合は、「https://accounts.google.com/SignUp」にアクセスし、アカウントを作成してからログインします。

■ キーワードプランナーのオプション項目

Googleアドワーズにログインし、画面上部にあるメニューから<運用ツール>→<キーワードプランナー>をクリックすると、**キーワードプランナーの画面が表示され、４つのオプションを選択できます**。それぞれのオプションで取得できるデータは以下の通りです。

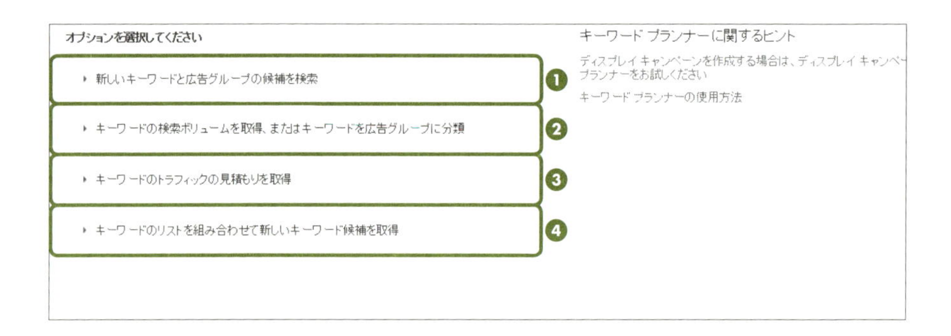

❶指定したキーワードの類似キーワードのリストとその検索件数
❷指定したキーワードの検索件数
❸指定したキーワードで広告を出した場合のクリック数と費用の予測データ
❹指定したキーワードを組み合わせたキーワードの検索件数

■ 特定キーワードの検索件数をチェックする

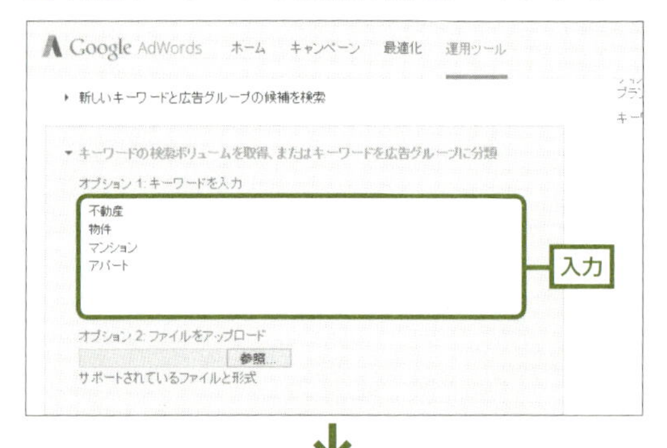

❶「キーワードプランナー」画面で<キーワードの検索ボリュームを取得、またはキーワードを広告グループに分類>をクリックします。テキストエリアに、検索件数をチェックしたいキーワードを入力し、<検索ボリュームを取得>をクリックします。

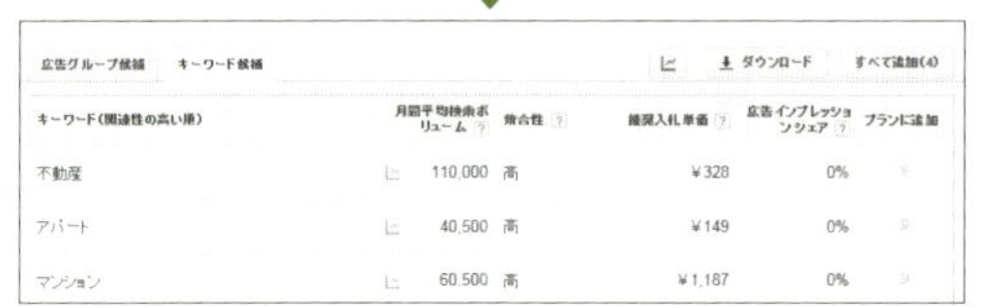

❷チェック内容が表示され、棒グラフの下に、入力したキーワードごとの検索件数データが表示されます。

■ 組み合わせキーワードの検索件数をチェックする

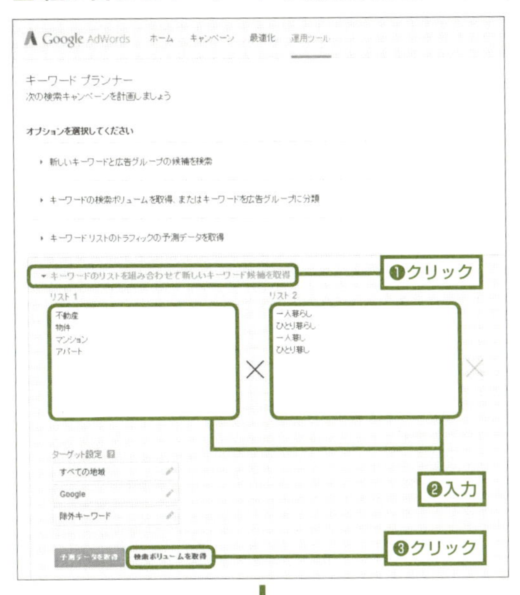

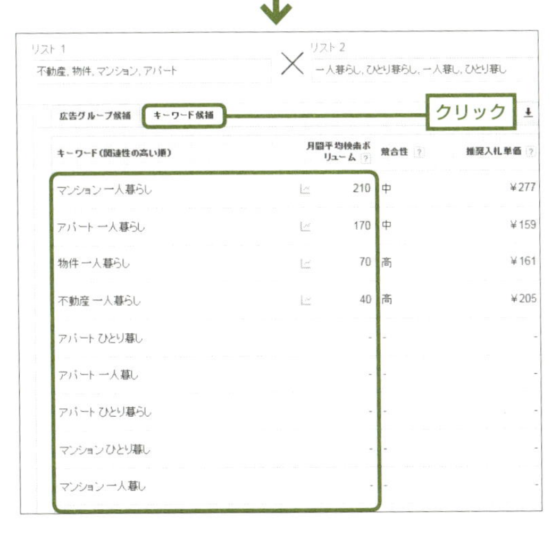

❶「キーワードプランナー」画面で＜キーワードのリストを組み合わせて新しいキーワード候補を取得＞をクリックし、表示される2つのテキストエリアそれぞれに、組み合わせたいキーワードを入力します。右側のテキストエリアの右にある×をクリックすると、テキストエリアがもう1つ表示され3つのキーワードの組み合わせをチェックできるようになります。入力が終了したら、＜検索ボリュームを取得＞をクリックします。

❷チェック内容が表示されたら「キーワード候補」のタブをクリックして選択し、入力したキーワードを組み合わせたキーワードの検索件数を確認します。

POINT 3つのオプションを目的に合わせて使い分ける

テーマやキーワード候補のリストアップには「新しいキーワードと広告グループの候補を検索」のオプションが便利ですが、指定したキーワードの検索件数をチェックするだけなら、ほかのオプションが便利です。

Section 70

無料ツールで関連キーワードを調査する

Category 利用方法

思いもよらないキーワードの検索件数が多かったり、競合が強くて想定していたキーワードが利用できなかったりすることはよくあります。テーマやキーワードの選定作業では、候補となるキーワードをしっかりと洗い出し、さまざまな状況に備えましょう。

目的に応じツールを使い分ける

キーワードは、キーワードプランナーの「新しいキーワードと広告グループの候補を検索」オプションやファンキーワードでも関連キーワードを確認できますが、それでも**適切なキーワードが選定できなかった場合は、目的に応じてほかのツールも使ってみましょう**。対象のキーワードを検索した人が同時に検索した関連キーワードを確認できる、テーマの案出しに向いているツールや、類語辞典のようにキーワード候補の洗い出しに向いているツールなどを使い分け、候補となるキーワードをしっかりと洗い出します。

コンテンツの案出しツール

■ 関連キーワードを一括取得する

入力したキーワードから連想されるキーワードを取得できるのが「FerretPLUS」(フェレットプラス)です。ただし、検索したキーワードの意味とかなり離れているキーワードも多いので、キーワード選定よりはコンテンツの案出しに向いています。

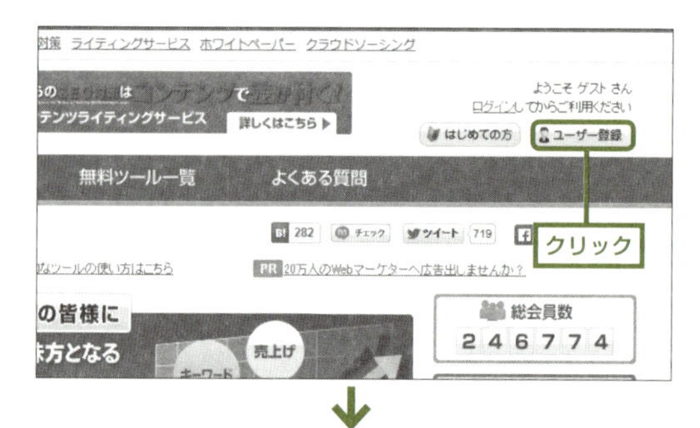

❶ ブラウザからFerretPLUS(http://tool.ferret-plus.com/)にアクセスし、画面右上の<ユーザー登録>をクリックして登録します。

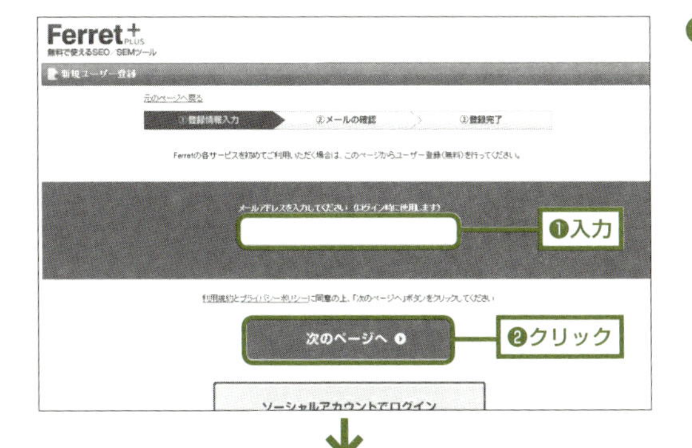

❷「新規ユーザー登録」画面が表示されるので、メールアドレスを入力し、<次のページへ>をクリックします。入力したメールアドレスに確認メールが送信されるので、届いたメールの<認証URL>をクリックすれば登録完了です。

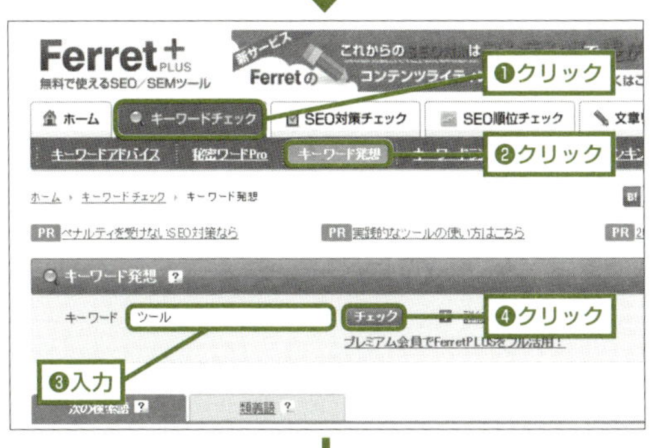

❸ユーザー登録が終了したら、<キーワードチェック>→<キーワード発想>をクリックし、テキストボックスにキーワードを入力したら、<チェック>をクリックします。

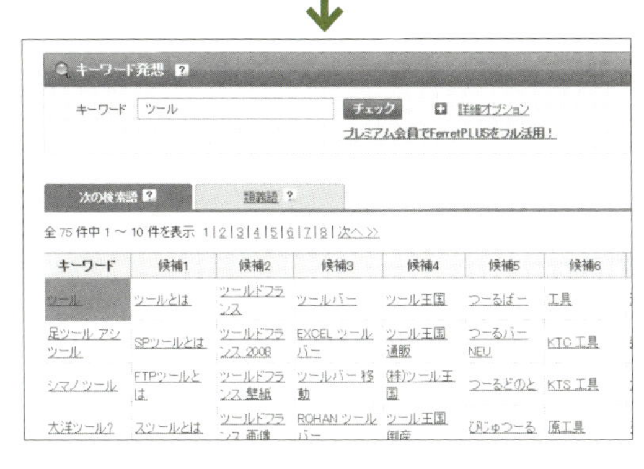

❹入力したキーワードから連想されるキーワードが表形式で表示されます。表の中で気になるキーワードをクリックすれば、そのキーワードから連想されるキーワードの一覧を取得することもできます。

MEMO 競合やトピックスもチェックできる、ファンキーワード

ファンキーワード（http://funmaker.jp/seo/funkeyword/）は、Sec.64で紹介したファンキーライティングで最初に利用するツールです。関連キーワードとともに将来性をチェックできるだけでなく、競合やYahoo!知恵袋の質問など、企画で必要な複数の情報も一括でチェックできます。ほかのツールとともに上手に利用し、より効率的により質の高いコンテンツを作成しましょう。

■ セットで検索されるキーワードを一括取得する

検索ボックスにキーワードを入力した際に、そのキーワードを含むリストが表示されることがありますが、これをサジェスト機能と呼びます。**「goodkeyword」は、GoogleやAmazonなどのサジェスト機能で表示されるリストを確認できるツールです**。意味の離れたキーワードも多いですが、広く浅く候補を取得するのに便利なツールです。

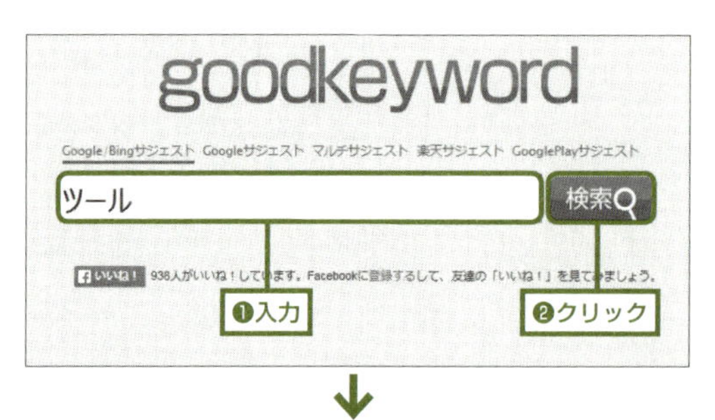

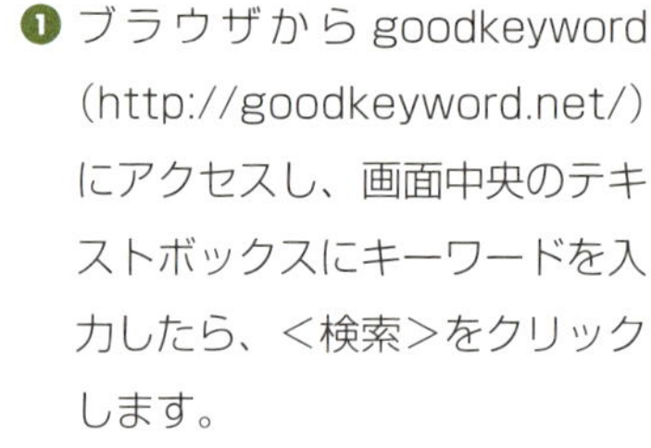

❶ ブラウザから goodkeyword (http://goodkeyword.net/) にアクセスし、画面中央のテキストボックスにキーワードを入力したら、＜検索＞をクリックします。

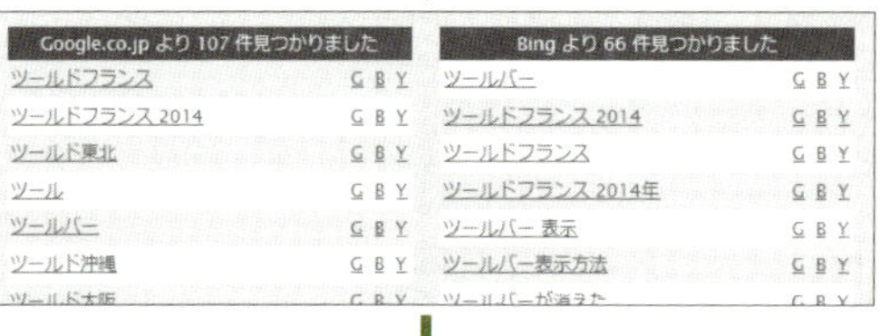

❷ 入力したキーワードについて、Google と Bing のサジェストリストが表示されます。

❸ ＜Google サジェスト＞をクリックすると、Google で対象のキーワードに加えて 50 音、アルファベット、数字を入力した際のサジェストリストが表示されます。「楽天サジェスト」「Google Play サジェスト」でも同様のリストが取得できます。また、＜マルチサジェスト＞をクリックすれば、Google や Bing だけでなく、Amazon、Yahoo! ショッピング、YouTube などのサジェストリストを一覧で確認できます。

キーワードの洗い出しツール

キーワード候補の洗い出しには、類語辞典が便利です。Webにおいて無料で利用できる類語辞典として、Weblioの提供する類語辞典があります。キーワードを入力して検索することで、キーワードプランナーのデータに含まれていない類語を探し、キーワードプランナーでチェックすれば、もとの語句でチェックしたときとは異なるキーワード候補を見つけられます。

❶ ブラウザから Weblio 類語辞典（http://thesaurus.weblio.jp/）にアクセスし、画面左上のテキストボックスにキーワードを入力したら、右の<項目を検索>をクリックします。

日本語WordNet(類語)

ツール

意義素	類語
それによって何かが達成される手段	具・手段・道具
目的を達成するために使用される道具（装置またはツール）	具・物の具・器財・器械・器具・用具・手道具・工具・道具
ロワール川に面したフランス西部の工業都市	ツール
特定の目的のために発明された道具	機器・器具・装置・道具

❷ 入力したキーワードの意味ごとに類語の一覧が表示されます。複数の意味があるキーワードに関しては、意味ごとに類語が表示されるので、しっかりと目的に合った意味の類語を利用するように気をつけましょう。

POINT 目的に応じて、ツールを使い分ける

どれも関連キーワードをチェックできるツールですが、キーワードの案出しに向くツールとコンテンツの洗い出しに向くツールがあります。目的に応じて使い分けましょう。

Section 71

無料ツールでテーマやキーワードの将来性をチェックする

Category 利用方法

テーマやキーワードによっては、現在検索数が多くてもすぐに検索件数が減少してしまう場合もあります。テーマやキーワードの選定では、現在の検索数だけではなく、これから将来に渡り、検索数がどのように変化していくかのチェックが必要です。

検索数の推移を確認できるGoogle トレンド

指定したキーワードの検索数の推移や予測される1年先までの予測検索数をグラフで確認できるのが、「Google トレンド」です。過去のデータから対象のテーマやキーワードの将来を予測できれば、より長く成果を上げ続けるWebサイトを作成できます。

Googleトレンドもキーワードプランナーと同様に、検索件数にもとづいたデータを提供しますが、以下の2点が異なるので両データを同時に利用する際は注意しましょう。

	キーワードプランナー	Google トレンド
データの値	検索件数の絶対値	検索件数の相対値 （指定した期間の最大値が100）
データの対象	指定したキーワードのみの 検索件数	指定したキーワード＋関連する キーワードすべての検索件数

Google トレンドを利用する

❶ ブラウザからGoogle トレンド（http://www.google.co.jp/trends/）にアクセスし、画面上部にある検索ボックスにキーワード候補を入力したら、🔍をクリックします。

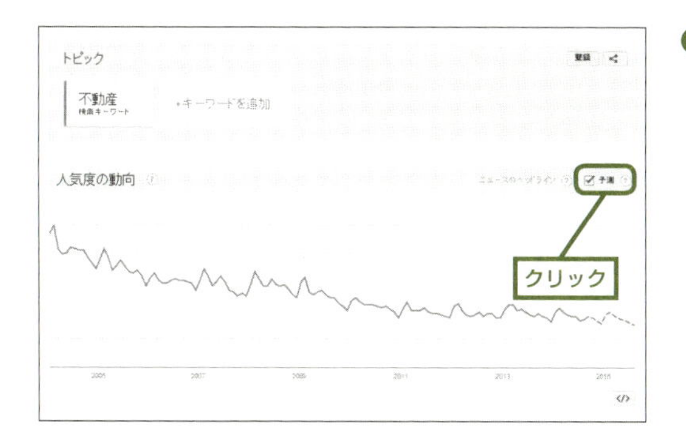

❷ 対象キーワードの過去の検索件数の推移を示すグラフが表示されます。グラフ右上の<予測>をクリックしてチェックを付けると、1年先までの検索件数の予測が表示されます。

■ Googleトレンドで確認できる内容

Googleトレンドでは、検索件数の推移以外にもさまざまなデータを確認できます。 まずは、検索件数の推移画面に表示される画面で確認できる項目を見ておきましょう。

● キーワードの関連ニュース

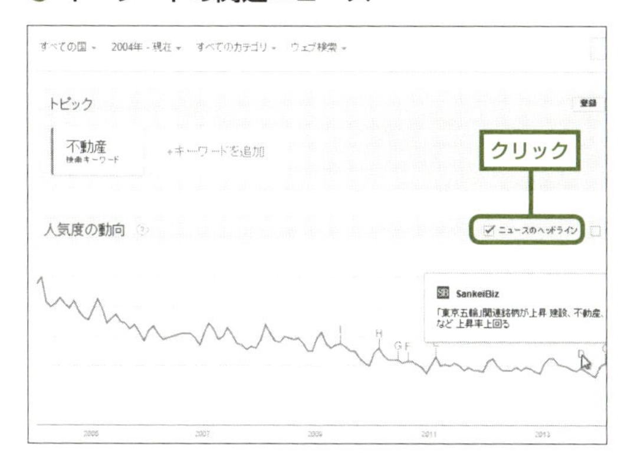

◀対象キーワードに関連する主なニュースを確認できます。グラフ右上の「ニュースのヘッドライン」のチェックボックスにチェックを付けると、グラフ上にアルファベットが表示されます。表示されたアルファベットにマウスのカーソルを合わせると、ニュースを確認できます。

● 検索された地域

◀対象キーワードが利用されている地域を確認できます。検索件数の推移を表したグラフの下に、世界地図とともに地域とその検索件数の相対値（最大値100）が表示されます。ただし、日本語のキーワードをチェックした場合は、基本的に日本のみで利用されているので、あまり有益なデータにはなりません。

● 関連するキーワード

◀対象キーワードに関連する検索数が多かったり、急増したりしている「トピックス」や「キーワード」も確認できます。トピックとキーワードそれぞれにおいて、キーワードと検索数の相対値（最大値100）のリストが表示されています。

■急上昇のキーワードやランキングを確認する

Googleトレンドではそのほかに、指定した年に多く検索されたキーワードや、現在検索数が急増しているキーワードのランキングを確認することもできます。

▲画面左の<ランキング>をクリックすると、指定した年における検索件数が多かったキーワードのランキングを確認できます。

▲画面左の<急上昇中>をクリックすると、現在検索数が急増しているキーワードのランキングを確認できます。

■Googleトレンドでデータを比較する

Googleトレンドでは検索数の推移を、キーワード、地域、期間ごとに比較できます。中でも重要なのが、キーワードと期間の比較です。**キーワード間の比較は、キーワードやテーマを選定する際に有効で、期間間の比較は時期による検索数の変動を確認する際に有効です。**

● キーワード間の検索動向を比較する

◀ P.225 手順❷の画面で、<+キーワードを追加>をクリックしてキーワードを入力すると、追加したキーワードのグラフが、もとのグラフとともに表示されます。最大5つのキーワードまで同時に比較できます。

● 期間を指定して比較する

❶ 画面右の<期間>クリックし、検索キーワード下に表示される<+期間を追加>をクリックします。プルダウンから期間を選択してクリックすると、表示されるグラフの期間を指定できます。最大５つの期間まで同時に比較できます。

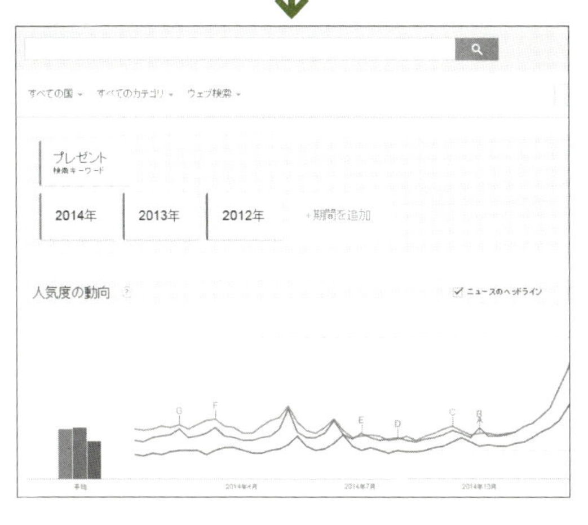

❷ キーワード間の比較同様、期間を追加していくことで、複数の期間のグラフを比較できます。表示されているグラフは「プレゼント」というキーワードの検索件数の推移ですが、毎年 12 月のクリスマスプレゼントの時期に検索件数が多くなっていることがわかります。

POINT　Google トレンドでは、傾向をチェック

Google トレンドのデータは関連キーワードの検索件数も含みます。キーワードごとの詳細なデータを確認したい場合は、キーワードプランナーを利用しましょう。

Section 72

無料ツールでキーワード出現率をチェックする

Category 利用方法

編集や校正作業では、SEO対策のためにキーワードの出現率チェックを頻繁に行います。過敏になりすぎる必要はありませんが、テーマを検索エンジンにしっかり伝えるために大切な作業なので、ツールを利用し、しっかりと行いましょう。

公開前でも利用できるファンキーレイティング

文章中の特定キーワードの出現率を自力で数えるのは、大きな労力が必要でほとんど不可能ですが、それを可能にしてくれるのがキーワード出現率のチェックツールです。ここでは「ファンキーレイティング」（FunkeyRating）を紹介します。

ファンキーレイティングは、HTMLなどの専門知識のない初心者でも扱いやすいツールで、公開後のWebページはもちろん、公開前のテキストデータもチェックできます。また、指定したキーワードをいくつ増減させたら目標値に調整できるかチェックすることもできるので、より精度の高いSEO対策を効率的に実行できます。

ファンキーレイティングを利用する

■ Webページのキーワード出現率をチェックする

もっとも一般的な使い方となる、公開されたWebページにおけるキーワードの出現率のチェック方法です。

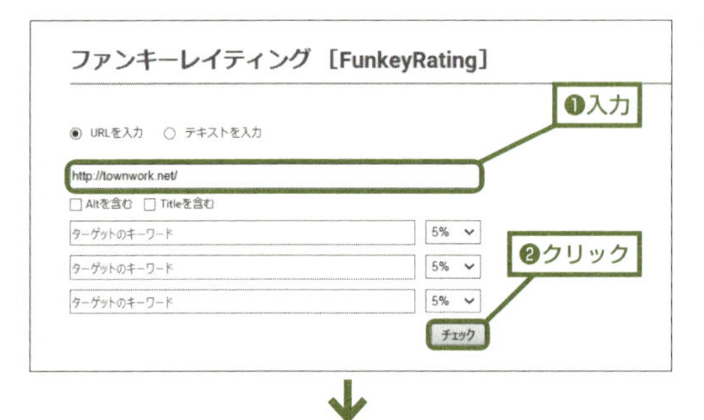

❶ ブラウザからファンキーレイティング（http://funmaker.jp/seo/funkeyrating/）にアクセスし、「URL を入力してください」と表示されているテキストボックスにチェックしたいWeb ページの URL を入力し、<チェック>をクリックします。

❷ 指定したWebページの基本データが表示され、その下にキーワードとその出現数、出現率、相対値のグラフが表示されます。**基本データには、SEO対策に大きな影響を与える要素が表示されるので、自分のサイトをチェックする際には、それぞれしっかり反映されているか確認しましょう。**表示される項目で「ページランク」と「総単語数」以外の項目は、以下の通りです。

title	【タウンワーク】でアルバイト・バイト・パートの求人・仕事探し！
description	タウンワークはあなたのスタイルに合ったアルバイト・バイト・社員・パート・派遣の仕事/求人を探せる求人サイトです。高時給、短期・日払い、未経験OK等の人気求人が満載！お仕事探しは求人情報が豊富な【タウンワーク】！
keywords	アルバイト,バイト,パート,求人,仕事,求人情報,タウンワーク
h1	全国のバイト／アルバイト／パート情報を網羅した日本最大級の求人サイト！

全てがカ
あなたの
あなたの
あなたの

title：検索エンジンの検索結果に表示される、ページのタイトル
description：検索エンジンの検索結果に表示される、ページの抜粋
keywords：検索エンジンのために記述される、ページを象徴する語句
h1：対象のページにおいてもっとも大きな見出し

キーワード出現率を調整する

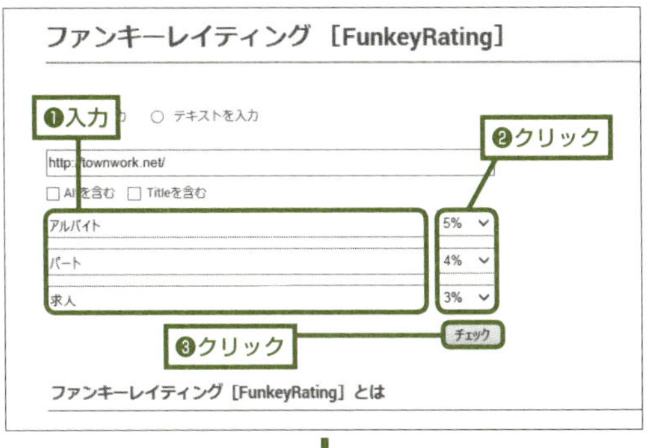

	単語	出現数	出現率	調整数
1	求人	22	2.8%	2語追加
2	市	19	2.41%	
3	バイト	16	2.03%	
4	情報	15	1.91%	
5	仕事	12	1.52%	
6	サイト	10	1.27%	
7	探す	10	1.27%	
8	ワーク	10	1.27%	

❶「ターゲットのキーワード」と表示されているテキストボックスに調整したいキーワードを入力し、右のプルダウンから目標の出現率を選択したら、<チェック>をクリックします。3つのキーワードまで同時にチェックできます。

❷ キーワード出現率のグラフにおいて、対象のキーワードの背景が赤く表示され、グラフ右の「調整数」に、必要な増減数が表示されます。

■ より詳細なキーワード出現率チェック方法

対象のWebページにおいて、ブラウザでは表示されない画像の代替テキスト（alt属性）や、リンクのタイトル（title属性）をチェック対象に含めるかどうか設定できます。

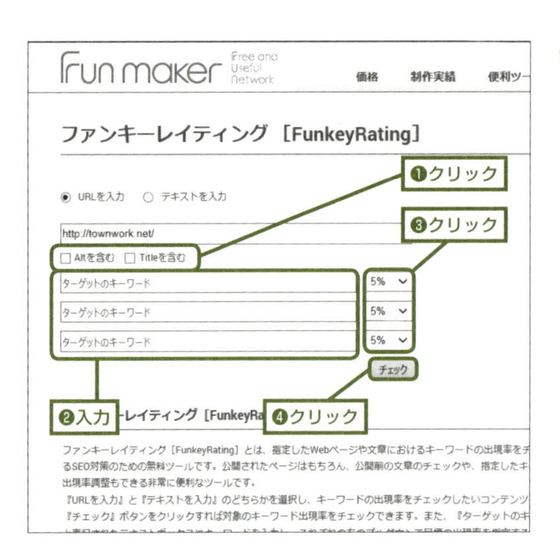

❶ URLの下に表示される「Altを含む」「Titleを含む」にチェックを付ければ、選択された要素もチェック対象になります。P.228を参考にキーワードをチェックします。

● alt属性・tittle属性を含まない

	単語	出現数	出現率
1	求人	22	2.8%
2	市	19	2.41%
3	バイト	16	2.03%
4	情報	15	1.91%
5	仕事	12	1.52%
6	サイト	10	1.27%
7	探す	10	1.27%
8	ワーク	10	1.27%
9	一覧	9	1.14%
10	人気	8	1.02%
11	タウン	8	1.02%
12	アルバイト	8	1.02%
13	リクルート	7	0.89%
14	大学	7	0.89%
15	掲載	6	0.76%
16	ＪＲ	6	0.76%
17	登録	5	0.64%
18	リクナビ	5	0.64%

● alt属性・tittle属性を含む

	単語	出現数	出現率
1	求人	22	2.52%
2	市	19	2.18%
3	バイト	16	1.83%
4	情報	15	1.72%
5	ワーク	13	1.49%
6	仕事	12	1.38%
7	サイト	11	1.26%
8	タウン	11	1.26%
9	探す	10	1.15%
10	一覧	9	1.03%
11	人気	8	0.92%
12	アルバイト	8	0.92%
13	登録	8	0.92%
14	リクルート	8	0.92%
15	大学	7	0.8%
16	ＪＲ	6	0.69%
17	掲載	6	0.69%
18	利用	6	0.69%
19	条件	5	0.57%

一部の単語の出現数が増加し、出現率が変化しているのが確認できます。なお、**検索エンジンは、alt属性やtitle属性も評価の対象にしていますが、実際に画面上に表示されるテキスト要素ほど評価されないため、キーワード出現率ではチェック対象に含めないのが一般的です。**

■ テキストデータのキーワード出現率をチェックする

ファンキーレイティングでは、作成した文章をWebページとして公開する前にキーワードの出現率をチェックすることもできます。

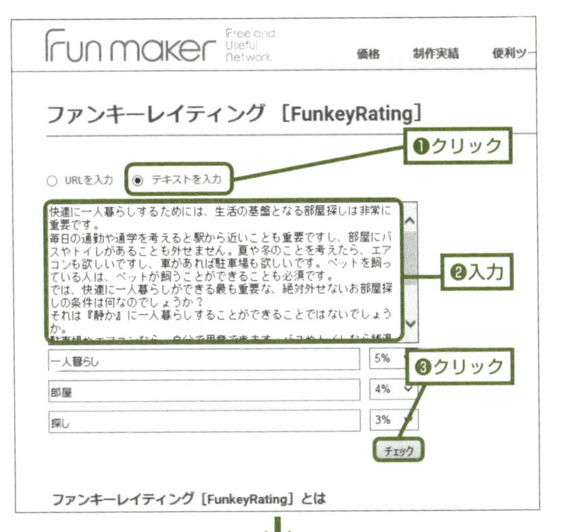

❶ 画面上部の<テキストを入力>をクリックすると、テキストデータを入力するテキストエリアが表示されます。チェックしたいテキストを入力して、<チェック>をクリックします。

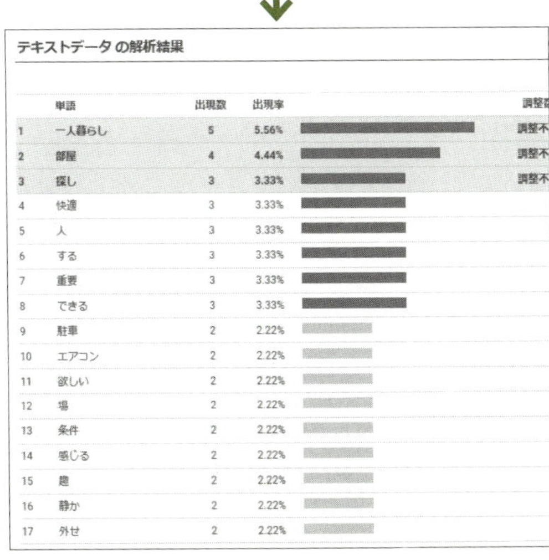

テキストデータ の解析結果

	単語	出現数	出現率	調整
1	一人暮らし	5	5.56%	調整不
2	部屋	4	4.44%	調整不
3	探し	3	3.33%	調整不
4	快適	3	3.33%	
5	人	3	3.33%	
6	する	3	3.33%	
7	重要	3	3.33%	
8	できる	3	3.33%	
9	駐車	2	2.22%	
10	エアコン	2	2.22%	
11	欲しい	2	2.22%	
12	場	2	2.22%	
13	条件	2	2.22%	
14	感じる	2	2.22%	
15	趣	2	2.22%	
16	静か	2	2.22%	
17	外せ	2	2.22%	

❷ Webページ同様、キーワードの出現数や出現率のデータが表示されます。

> **POINT　公開前も公開後もチェックできるツールを利用**
>
> Webライティングでは、公開前の作成中にこそキーワード比率をチェックする必要があるので、ツールは「公開前でも利用できる」ことが重要です。

Section 73

無料ツールでライバルをチェックする

Category 利用方法

何をする場合も、競争相手によって成果は大きく変わります。敵が強ければなかなか成果は上がりませんし、敵がいなければすぐに成果が上がります。強力な敵を避け、より勝てる可能性の高い分野を見つけるために、便利なツールを紹介します。

検索エンジンの評価が基本

競合の強さを確認する指標としてもっとも代表的な指標は、GoogleのPageRankです。 PageRankとは、被リンクの数や価値をもとにWebサイトの重要度を算定した値で、最低の0から最高の10まで、11段階に分けられます。

PageRankは、各サイトの強さを確認するための重要な指標として利用されてきましたが、近年の被リンクの効果の弱まりとともに、PageRankの指標としての価値も低下しています。しかし、今でも基本的な指標として利用されることに変わりはありません。ここではPageRankの確認方法と、より高度なアルゴリズムにもとづいて判定してくれる便利な競合チェックツールの使用方法を解説します。

PageRankの確認方法

PageRankはさまざまなツールで確認できますが、ここではもっとも一般的な、Googleツールバーで確認する方法を解説します。 なお、Googleツールバーは、Internet Explorer 6以上でしか利用できないので注意しましょう。

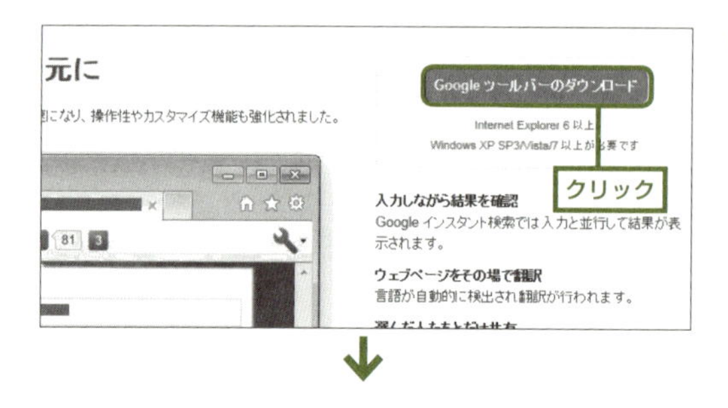

❶ Internet Explorer で Google ツールバー（http://www.google.com/intl/ja/toolbar/ie/index.html）にアクセスし、右上の< Google ツールバーのダウンロード>をクリックし、インストールします。

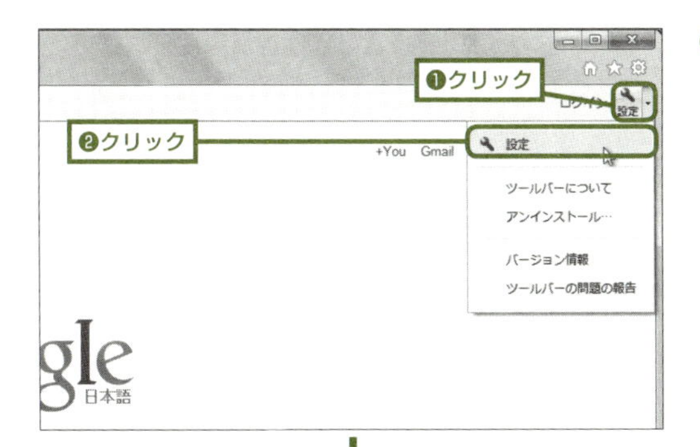

❷ インストールが終了すると、Internet Explorer に Google ツールバーが表示されるようになります。Internet Explorer の＜設定＞をクリックし、＜設定＞をクリックします。

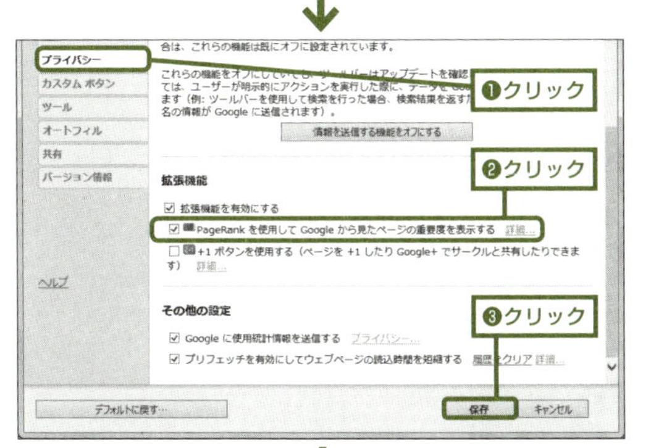

❸ 画面左のタブ一覧で＜プライバシー＞をクリックし、「拡張機能」の＜ PageRank を使用して Google から見たページの重要度を表示する＞にチェックを付け、＜保存＞をクリックします。

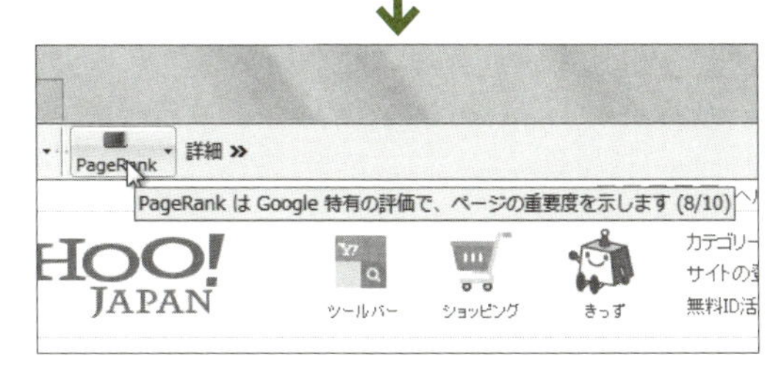

❹ Google ツールバーに PageRank が表示されるようになります。マウスのカーソルを重ねると、PageRank の値が確認できます。

Internet Explorer以外でPageRankを確認したい場合は、それぞれのブラウザに対応した無料の拡張機能があります。以下に主要ブラウザごとのPageRankを確認できる拡張機能の一例を挙げておきますので、参考にしてください。

ブラウザ	拡張機能（アドオン）
Google Chrome	Open SEO Stats
Mozilla Firefox	PageRank for Firefox
Safari	PageRank
Opera	PageRank

ファンキーライバルによる競合チェック

指標としての精度が下がりつつあるPageRankだけでは、正確に競合をチェックするのは難しくなりつつあります。また、キーワードにおける競合度を確認するためには、最低でも2ページ目までに表示される20サイトのPageRankを確認しなければならず、非常に大変です。この作業を、**より高い精度でより簡単にできるようにしてくれるのが、「ファンキーライバル」(FunkeyRival)です。**

❶ ブラウザからファンキーライバル(http://funmaker.jp/seo/funkeyrival/)にアクセスし、競合をチェックしたいキーワードをテキストボックスに入力したら、<チェック>をクリックします。

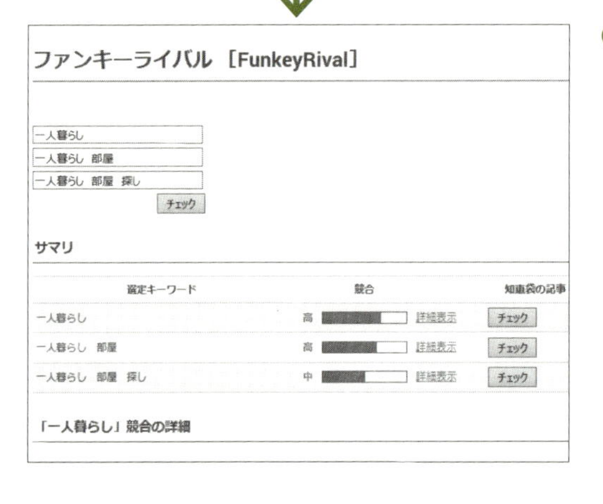

❷「サマリ」に、指定したキーワードごとのチェック結果が「低」「中」「高」の3段階と、バーの長さで表示されます。バーが長いほどが競合となるWebサイトが強いことを表します。競合度が「高」の場合は、競合がかなり強いので、対象のキーワードの利用は避けたほうが賢明です。

POINT ファンキーライバルで効率的に競合チェック

競合チェックは非常に手間のかかる作業なので、上手にツールを使い、作業の効率化を図りましょう。

プロも使う無料ツール紹介
運用・管理編

Section 74

無料ツールでアクセス解析を行う

Category 利用方法

Webサイトの改善活動で必須となるアクセス解析のデータ収集を無料でできる「Google アナリティクス」の登録方法や利用方法を解説します。Googleの提供するさまざまなツールやサービスと連携させることで、より便利に使える魅力的なツールです。

高性能なGoogle アナリティクス

「Google アナリティクス」は、無料で使える非常に高性能なアクセス解析ツールです（Sec.50参照）。また、Googleの提供するWeb管理ツールであるGoogleウェブマスターツールや、検索連動型広告のGoogle アドワーズと連携し、より詳細なデータの取得や解析ができるので、ぜひ導入しておきたいツールです。

こちらでは、Google アナリティクスの登録方法と、Google ウェブマスターツールとの連携方法、そしてSec.52で触れたA ／ Bテストの方法を解説します。

Google アナリティクスに登録する

すでにGmailなどでGoogleのサービスを利用している場合は、同じアカウントで利用できます。また、Googleのアカウントを持っていない場合は、「https://accounts.google.com/SignUp」でアカウントを作成してから、以下の作業を行います。

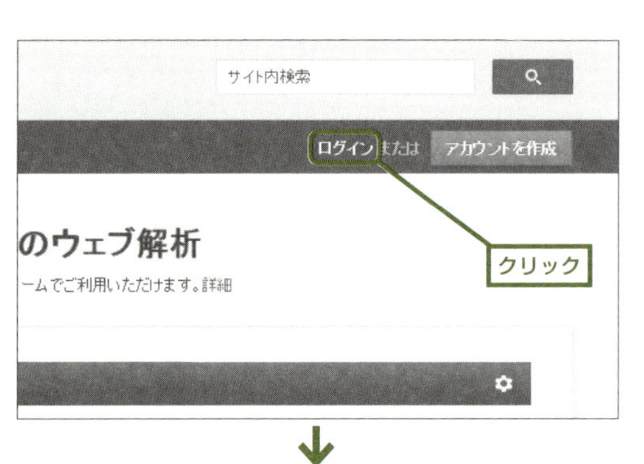

❶ブラウザからGoogle アナリティクス（https://www.google.co.jp/intl/ja/analytics/）にアクセスし、画面右上にある<ログイン>をクリックし、ログイン画面を開きます。

第9章 プロも使う無料ツール紹介 運用・管理編

❷ Googleのアカウント情報を入力し、<ログイン>をクリックします。

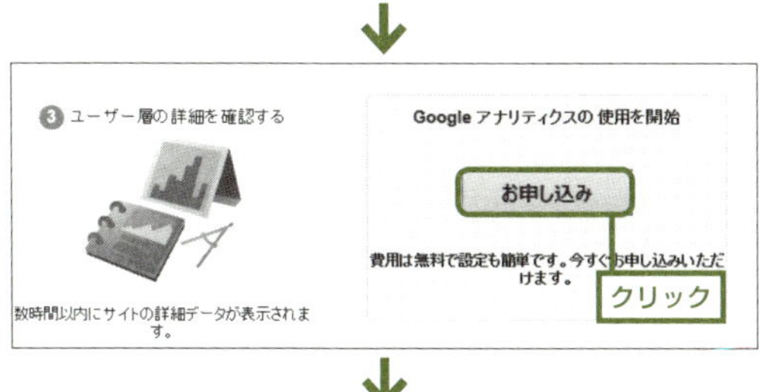

❸ ログインしたら、画面右にある<お申し込み>をクリックし、新しいアカウントの作成画面を開きます。

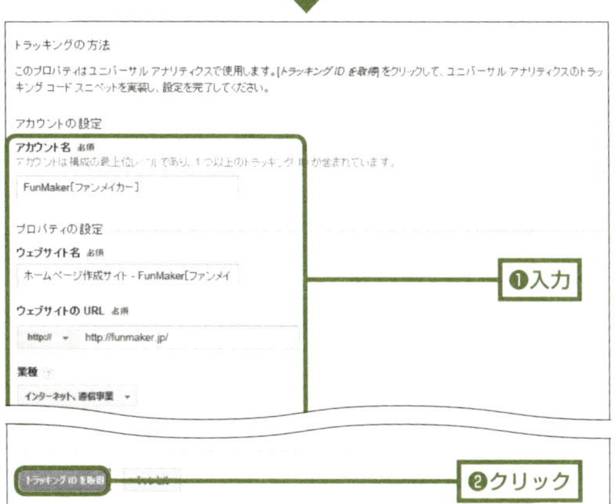

❹ 下の解説を参考に各項目を入力し、画面左下の<トラッキングID を取得>をクリックします。

アカウントの設定	アカウント名	管理画面に表示される名前。好きな名前を入力
プロパティの設定	ウェブサイト名	アナリティクスを導入する Web サイトのタイトル
	ウェブサイトの URL	アナリティクスを導入する Web サイトの URL※
	業種	登録する Web サイトの内容と合致する業種を選択
	タイムゾーン	日本を選択
データ共有設定		不要な項目があればチェックを外す

※ URL は「http://」以下の部分を入力。http://andvalue.co.jp/ なら「andvalue.co.jp」の部分を入力する。

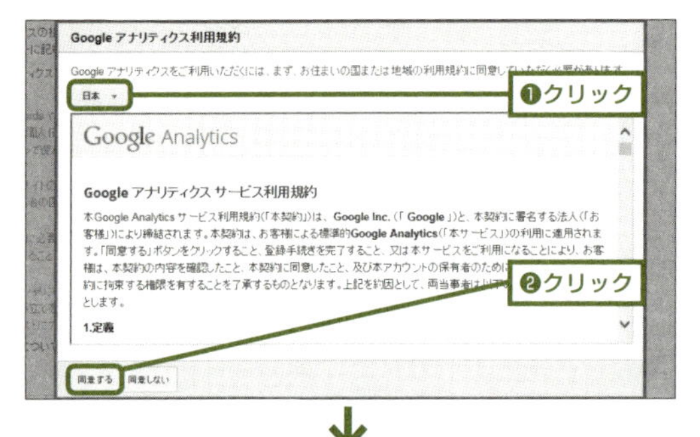

❺「Google アナリティクス利用規約」が表示されるので、＜日本＞をクリックして選択し、内容に問題がなければ＜同意する＞をクリックします。

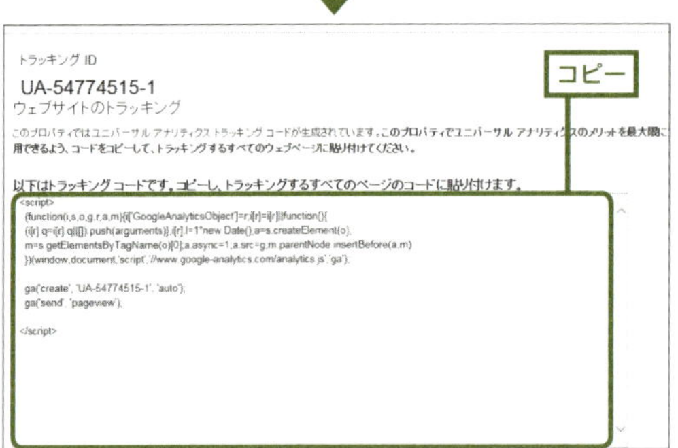

❻表示された「トラッキングコード」をコピーし、導入したいWebサイトのHTMLの「</head>」の直前に貼り付ければ設定は終了です。反映時には簡単なHTMLの知識が必要になりますが、そこまで難しくないのでチャレンジしてみてください。

 Google ウェブマスターツールと連携する

各ページの表示回数や表示順位、CTRなどのデータを取得するには、Googleが提供する無料ツール、Google ウェブマスターツールとの連携が必要です。連携するにはウェブマスターツールへの登録が必要なので、登録が済んでいない場合は、先に登録作業を済ませてから連携作業に進んでください（Sec.75参照）。

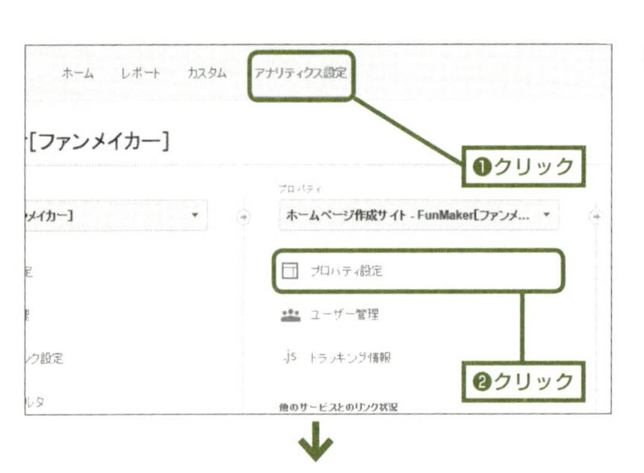

❶Google アナリティクスにログインし、ホーム画面右上の＜アナリティクス設定＞をクリックします。設定画面が表示されたら、中央の「プロパティ」タブから＜プロパティ設定＞をクリックします。

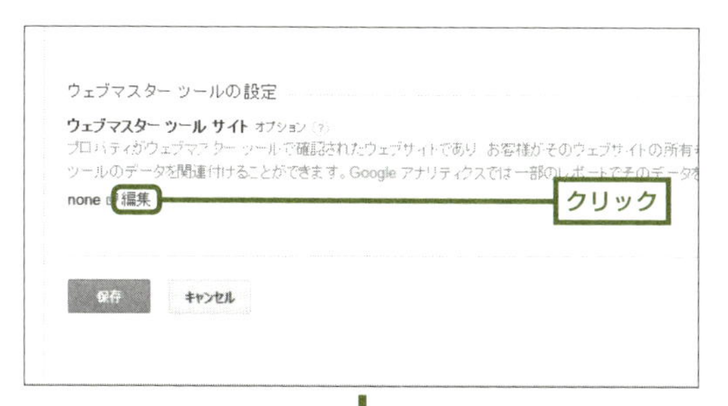

❷「プロパティ設定」画面の下にある「ウェブマスターツールの設定」の<編集>をクリックします。

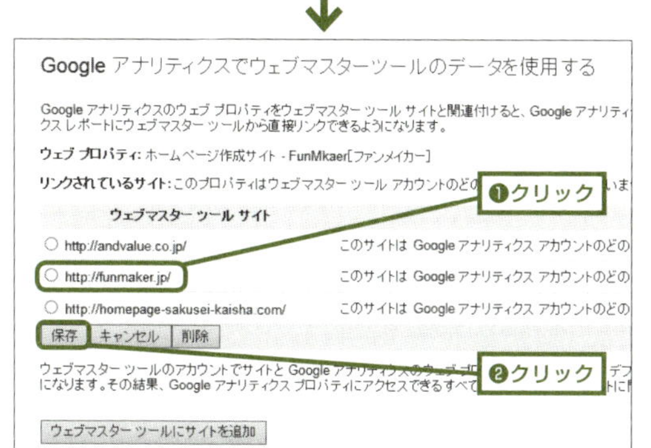

❸ Google ウェブマスターツールの設定画面が開くので、連携したいサイトをクリックして選択し、<保存>をクリックします。

❹ 注意内容が表示されるので、内容を確認し、< OK >をクリックします。

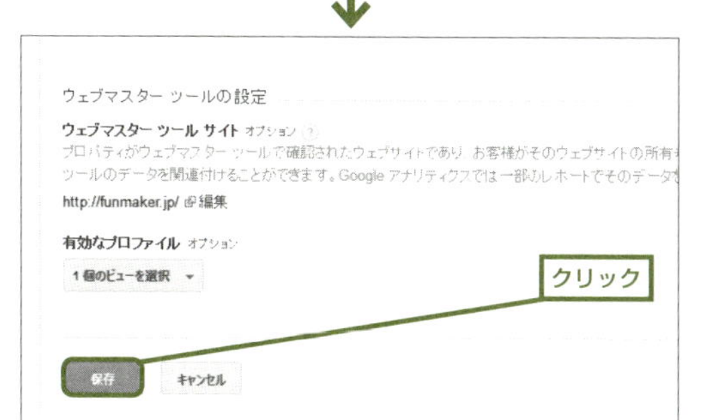

❺ Google アナリティクスの「プロパティ設定」画面に戻るので、画面下の<保存>をクリックすれば連携は終了です。

Google アナリティクスによるA ／ Bテスト

Google アナリティクスなら、A ／ Bテストも簡単に行えます。トップページや商品販売ページなど成果を大きく左右するページでは、しっかりとテストから得られるデータをもとに改善作業を行いましょう。

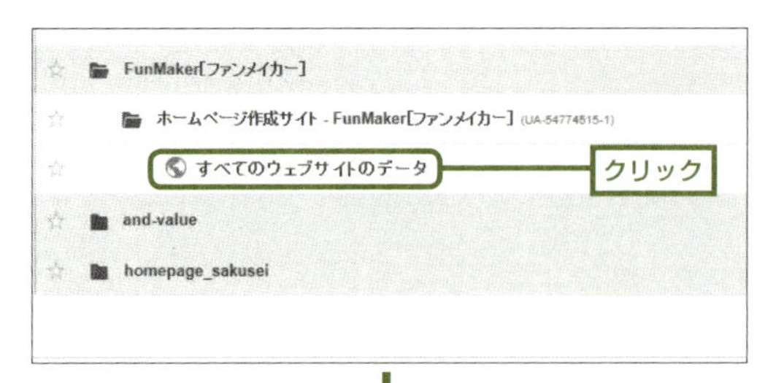

❶ Google アナリティクスにログインしたら、ホーム画面に表示される登録サイトの中から、テストを行いたいサイトを選択し、<すべてのウェブサイトのデータ>をクリックします。

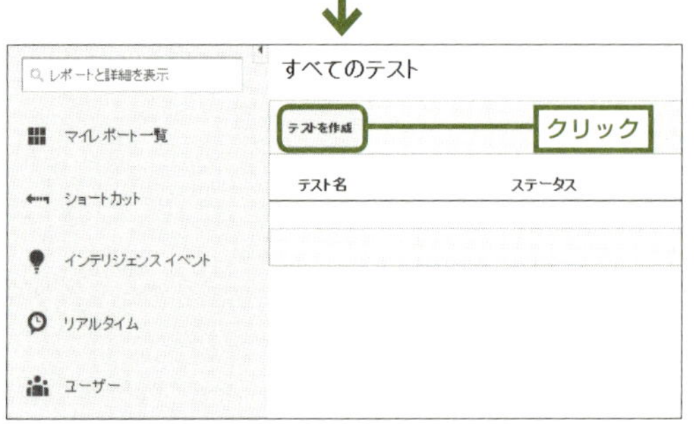

❷ 左側のメニュー一覧で<行動>→<ウェブテスト>をクリックし、ウェブテストの確認画面を表示します。ウェブテストの確認画面では、画面上部に表示される<テストを作成>をクリックします。

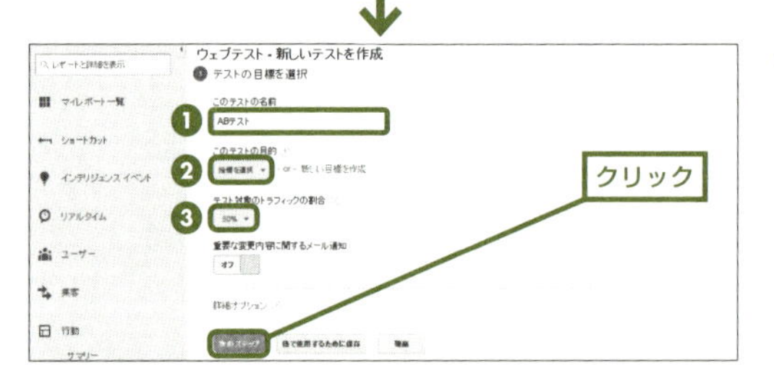

❸「新しいテストを作成」する画面が表示されるので、下の❶～❸の手順で設定し、画面左下の<次のステップ>をクリックします。

❶テストを識別するための任意の名前を入力します。
❷各ページの成果を比較するための指標を選択します。適当な指標がない場合は、「新しい目標を作成」をクリックし、Sec.51 を参考に適当な目標を作成しましょう。
❸テストページに誘導する訪問者の割合です。意図がなければ 50%にします。

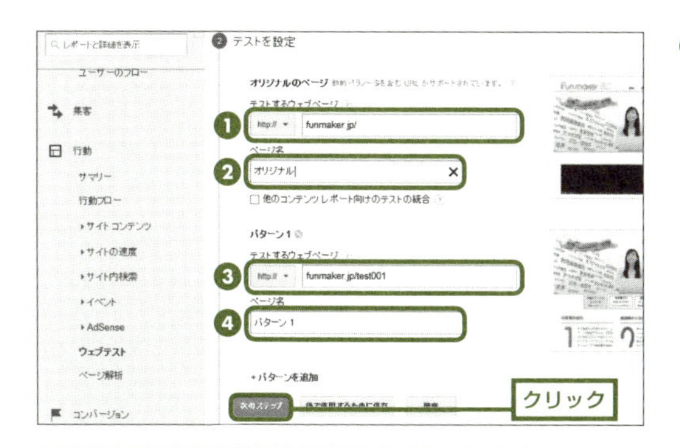

❹「テストを設定」画面が表示されるので、下の❶〜❹の手順で設定し、画面左下の<次のステップ>をクリックします。3ページ以上を比較したい場合は、画面下の<+パターンを追加>をクリックすれば、新しい入力領域が表示されます。

❶現在利用している、比較のもととなるページのURLを入力します。
❷現在利用しているページを識別するための、任意の名前を入力します。
❸比較対象となるページのURLを入力します。
❹比較対象となるページを識別するための、任意の名前を入力します。

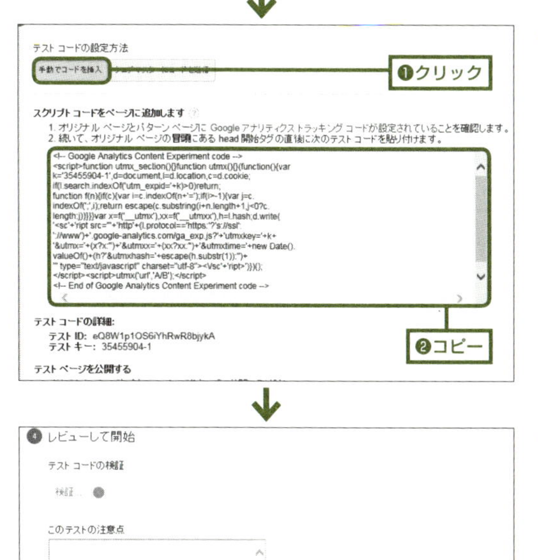

❺「テストコードの設定」画面が表示されたら、<手動でコードを挿入>をクリックします。比較もとのWebページのHTMLを編集し、「</head>」の直前に、表示されたコードをコピーし貼りつけたら、画面左下の<次のステップ>をクリックします。

❻テストコードが検証されるので、しっかり反映されていたら、画面左下の<テストを開始>をクリックすれば、テストができるようになります。

POINT　さまざまなツールと連携して、より効率的に

Google アナリティクスは、Googleの提供するさまざまなツールと連携することで、詳細なデータをより効率的に収集できるようになります。

Section 75

無料ツールでサイトを管理する

Category 利用方法

運営するWebサイトの評価を確認し、改善するときに役立つのがサイト管理ツールです。サイトの構造を検索エンジンに伝えることはもちろん、ペナルティを受けているか否かの確認や外部リンクや内部リンクの状況の確認なども行えます。

適切な運用を実現するGoogle ウェブマスターツール

Webサイトを運用・管理していく中で、検索エンジンの評価を知り、それを改善作業に生かしていくことは大切です。このような評価の確認や正確な情報伝達をGoogleに対して行えるのが、Google ウェブマスターツールです。Yahoo!JapanもGoogleの検索エンジンを利用していることをふまえると、Google ウェブマスターツールによって、Googleの評価を確認し正確に情報を伝えられれば、日本の約9割の検索結果に適切な評価を反映できることとなります。

Google ウェブマスターツールを登録する

P.243手順❸のサイト所有権の確認作業でGoogle アナリティクスの情報を利用します。まずはSec.74を参考にGoogle アナリティクスの登録をしてから、作業してください。

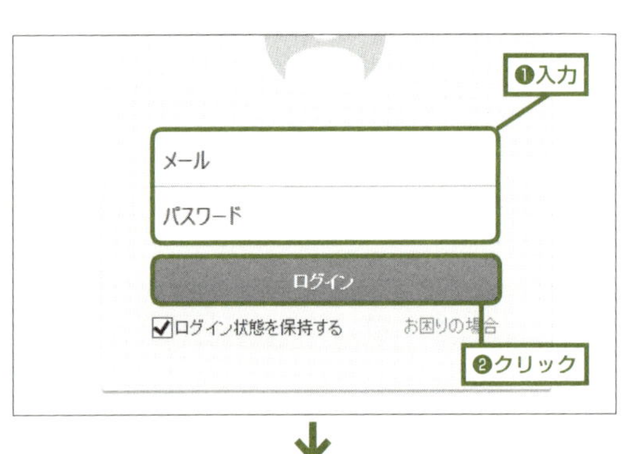

❶ ブラウザからGoogle ウェブマスターツール（https://www.google.com/webmasters/tools/?hl=ja）にアクセスし、Google アナリティクスのアカウント情報を入力したら、<ログイン>をクリックします。

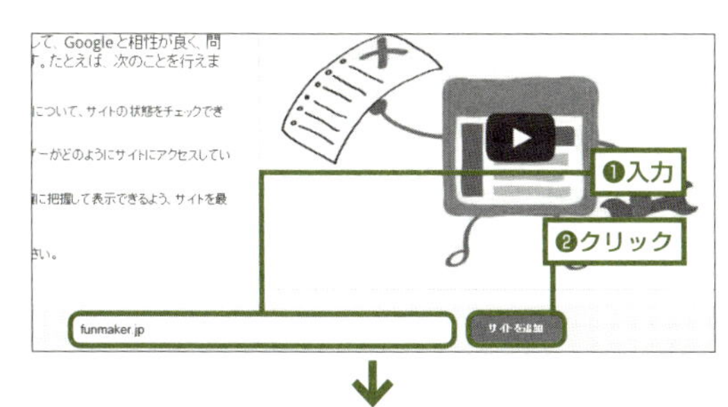

❷ 画面下のテキストボックスに登録したいサイトのURLを入力し、＜サイトを追加＞をクリックします。その際、URLは「http://」を抜き、それ以下の部分のみを入力します。

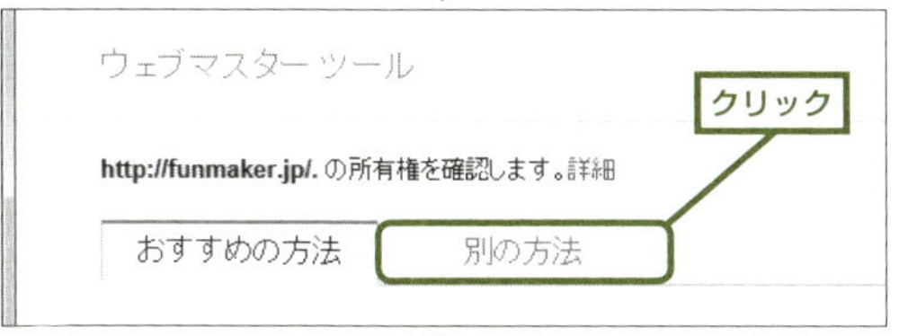

❸ 所有権の確認画面が表示されるので、＜別の方法＞をクリックして選択します。

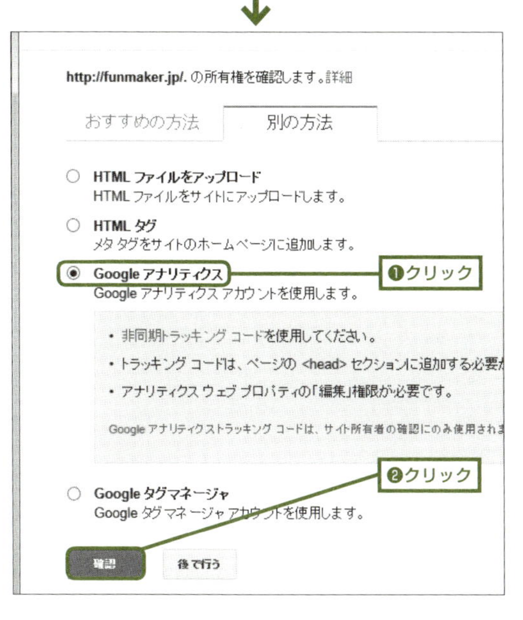

❹ 表示される選択肢の中から「Google アナリティクス」をクリックして選択し、下部に表示される＜確認＞をクリックすれば、所有権の確認は終了です。

POINT 1つのアカウントで複数のWebサイトを管理

Google アナリティクスもGoogle ウェブマスターツールも、1つのアカウントで複数のWebサイトを管理できます。ウェブマスターツールでは、ホーム画面右上の＜サイトを追加＞をクリックし、手順❷～❸と同様の作業を行えば、サイトを追加できます。

Google ウェブマスターツールを利用する

■ XMLサイトマップを登録する

検索エンジンにサイト構造やページを抜け漏れなく正確に把握してもらうには、XML形式のサイトマップを作成し、送信する必要があります（P.247 Column参照）。Google ウェブマスターツールを利用すれば、作成したXMLサイトマップを、簡単にGoogleに送信できます。

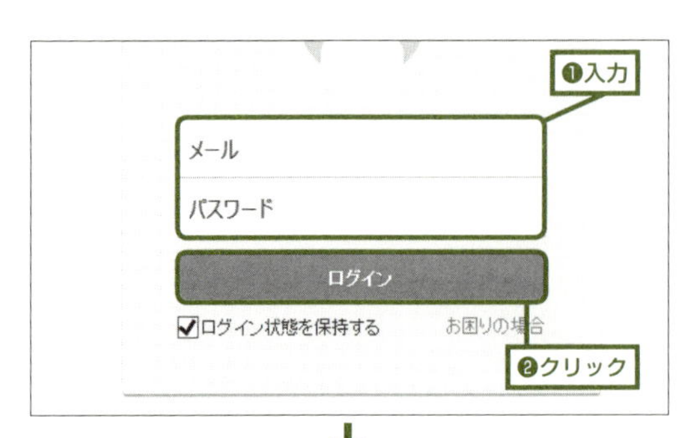

❶ Google ウェブマスターツール（https://www.google.com/webmasters/tools/?hl=ja）にアクセスし、アカウント情報を入力してログインします。

❷ ホーム画面が表示されます。ホーム画面には登録したWebサイトの一覧が表示されるので、XML サイトマップを用意したサイトを選択し、クリックします。

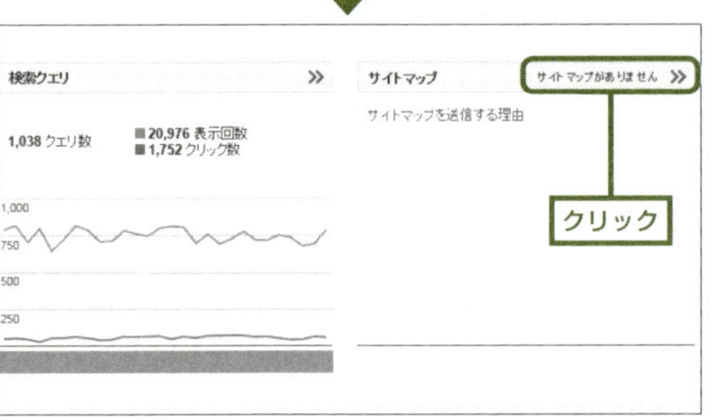

❸ 選択したサイトの管理画面が表示されたら、右上に表示される「サイトマップ」のタイトル部分に表示される、<サイトマップがありません>をクリックします。

❹ サイトマップの管理画面が表示されるので、画面右上の＜サイトマップの追加／テスト＞をクリックします。

❺ URL を入力するテキストボックスが表示されるので、XML サイトマップを公開した URL を入力し、下に表示される＜サイトマップを送信＞をクリックします。

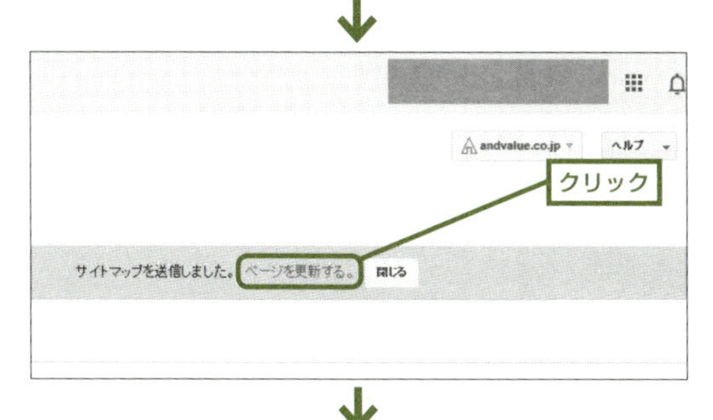

❻ サイトマップが送信され、サイトマップ管理画面が表示されます。＜ページを更新する＞をクリックして、ページを更新しましょう。

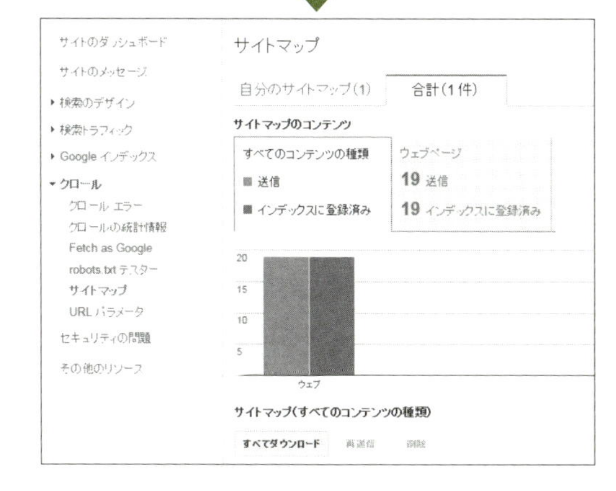

❼ サイトマップが正常に送信されて登録されれば、左のようなグラフなどが表示され、サイトマップと Google が認識している Web ページ数（インデックス数）の関係などが確認できるようになります。

■ペナルティをチェックする

故意にしろ故意でないにしろ、Googleのルールに反した行為をすると、ペナルティを受け、検索結果にまったく表示されなくなることがあります。**このペナルティを受けているか否かの確認や、違反箇所の修正後の再審査の申請も、Google ウェブマスターツールで行います。**

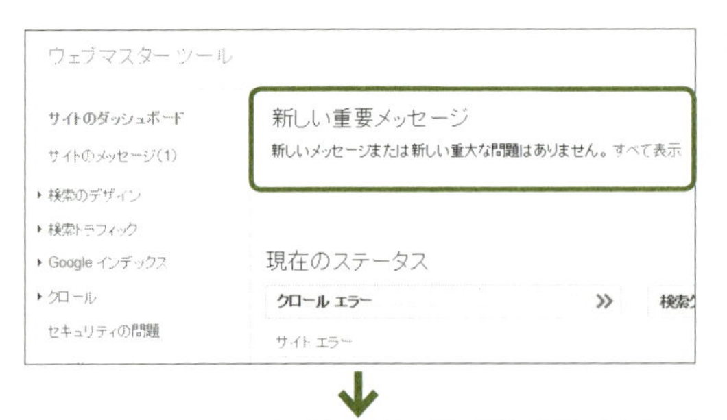

❶ Google が検索結果から外すような重大なペナルティを課した場合は、ログイン後に表示されるホーム画面の「新しい重要メッセージ」にメッセージが表示されます。

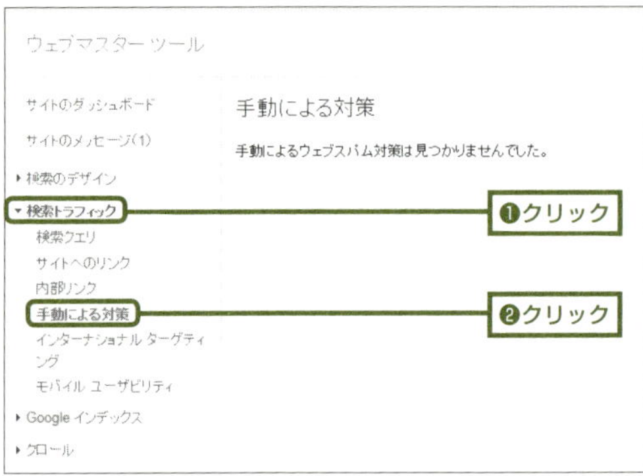

❷ 画面左の＜検索トラフィック＞をクリックし、＜手動による対策＞をクリックすると、Google が手動で課したペナルティの情報を確認できます。ペナルティの情報があったら違反箇所を修正し、メッセージ本文にあるリンクから再審査リクエストを行います。

Google が課すペナルティには、人間の目によって手動で判定されるものと、システムによって自動で判定されるものの2つがあり、Google ウェブマスターツールで確認できるのは手動で行われたペナルティだけです。加えて、手動ペナルティを課されてもメッセージが表示されない場合もあります。しっかりとルールを知り、日頃からペナルティを受けないWebサイトの作成を心がけることが大切です。

POINT　Webサイト運営において必須のツール

Google アナリティクスと連携させ詳細なデータを取得するためだけでなく、Webサイト運営において非常に重要なツールなので、必ず登録しておきましょう。

Column 検索エンジンに正確に情報を伝えるXML サイトマップとは？

一般的にサイトマップというと、Webサイトにあるページの一覧で、利用者が目的のページに行き着けるようにするための案内ページをイメージすると思います。しかし、Webサイトにはもう1つ、検索エンジンにサイトの構成を伝えるための「XMLサイトマップ」と呼ばれるサイトマップがあります。

XMLサイトマップには、下画像のように、Webサイトにあるページの URLとその重要度、更新頻度、最終更新日などの情報がリスト化されており、これを検索エンジンに送ることで、作成したページをより早く抜け漏れなく把握してもらえるようになります。

XML Sitemap

URL	Priority	Change Frequency	LastChange (GMT)
http://andvalue.co.jp/	100%	Weekly	2014-08-19 10:54
http://andvalue.co.jp/about/	70%	Monthly	2014-08-19 10:54
http://andvalue.co.jp/recruit/	70%	Monthly	2014-08-19 10:52
http://andvalue.co.jp/staff/	70%	Monthly	2014-08-19 10:51
http://andvalue.co.jp/service/	70%	Monthly	2014-08-19 10:48
http://andvalue.co.jp/release/sumahotaiou.html	80%	Weekly	2014-06-27 18:43
http://andvalue.co.jp/release/shuzai-140612.html	80%	Weekly	2014-06-27 18:38
http://andvalue.co.jp/release/release-fun.html	80%	Weekly	2014-06-19 16:47
http://andvalue.co.jp/release/seminar-140220.html	80%	Weekly	2014-06-19 16:25

■XMLサイトマップの作成方法

XMLサイトマップを無料で作成できるツールもあるので、作成自体は専門知識がなくても可能です。しかし、サイトを更新したりページを追加したりしたときには、毎回XMLサイトマップを作成し直し、検索エンジンに送信しなければならないので、手作業での管理は大変です。Webサイトを作成する際は、XMLサイトマップを自動で生成し、検索エンジンに送信してくれるシステムを利用したほうが良いでしょう。

Section 76

無料ツールでキーワードの表示順位をチェックする

Category 利用方法

Webサイトの管理では強化しているキーワードの表示順位を頻繁にチェックしますが、検索結果を1ページずつ確認して自分のサイトを探すのは大変です。複数キーワードの表示順位を同時にチェックできる便利なツールを使って、省力化を図りましょう。

複数ワードを一括チェックするファンキーランキング

Webサイトを作成し始めたばかりのころは、検索結果の表示順位が低く訪問者が来ないため、この時期のGoogle アナリティクスやGoogle ウェブマスターツールのデータはあまり役に立ちません。しかし、**同じ成果が出ていない状況でも、狙っているキーワードでしっかりと検索結果に表示され、徐々に表示順位が上がってきている場合と、まったく検索結果に表示されていない場合では事情は異なります**。また成果が出だしてからも、狙っているキーワードにおける表示順位の確認は、SEO対策が計画通り行っているか否かを確認するために大切な作業となります。

この特定のキーワードにおける表示順位のチェックを効率的にしてくれるツールが、「ファンキーランキング」(FunkeyRanking)です。最大5つのキーワードにおける検索順位を一括でチェックできるだけでなく、Googleの検索結果上位100サイトのタイトルと抜粋も一覧できます。

ファンキーランキングを利用する

❶ ブラウザからファンキーランキング(http://funmaker.jp/seo/funkeyranking/)にアクセスします。

Fun maker Free and Useful Network　価格　制作実績　便利

ファンキーランキング［FunkeyRanking］

http://www.yahoo.co.jp/
Yahoo!Japan
検索サイト
検索エンジン
オークションサイト
18歳未満
チェック

❶URL を入力
❷キーワードを入力
❸クリック

ファンキーランキング［FunkeyRanking］とは

ファンキーランキング［FunkeyRanking］とは、指定したキーワードにおける、Webサイトの検索順位を
無料ツールです。

❷ 1 番上のテキストボックスに検索順位を確認したい Web サイトの URL を入力し、2 つ目以降のテキストボックスに検索対象となるキーワードを入力したら、<チェック>をクリックします。

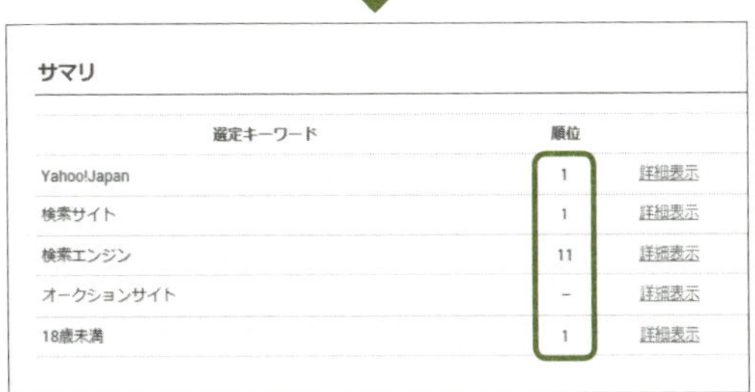
サマリ

選定キーワード	順位	
Yahoo!Japan	1	詳細表示
検索サイト	1	詳細表示
検索エンジン	11	詳細表示
オークションサイト	–	詳細表示
18歳未満	1	詳細表示

❸「サマリ」欄にチェック結果が表示されるので、結果を確認します。

「Yahoo!Japan」検索ランキングの詳細

1 Yahoo! JAPAN
ヤフーが運営。掲示板、オークションなどの参加型コンテンツを多数擁する。

2 Yahoo! JAPAN IDをお持ちでない方もこちら 登録は5秒でOK!
Yahoo! JAPAN IDでログインすると、Yahoo! JAPANのサービスがさらに便利にご利用いただけます。Yahoo! JAPAN IDをお持ちでない方もいますぐ無料で登録しましょう。

3 Yahoo! JAPAN IDに関するヘルプ - Yahoo! JAPANヘルプセンター
Yahoo! JAPAN IDを登録する/削除する; 連絡用メールアドレスについて; パスワード について; パスワードを忘れた; ログイン・ログアウト; 外部環境からのログイン; 安全に 使うために; シークレットID; ログインアラート; ログインテーマ; ログインシール; ログイン 履歴 ...

4 Yahoo! JAPANヘルプセンター
Yahoo!知恵袋は、参加者同士で知恵や知識を楽しく教え合い、分かち合える知識検索 サービスです。 ... よくある質問. パスワードを忘れてしまった. Yahoo! JAPAN ID. 銀行 口座やクレジットカードからの引き落とし日はいつ? Yahoo!ウォレット. 有料サービスの ...

5 Yahoo! JAPAN - Google Play の Android アプリ
Yahoo! JAPANアプリからのお知らせ◇ コミック連載ラインアップ更新しました「サラリーマン金太郎」「ベルサイユのばら」「世界でいちばん大嫌い」を毎日1話ずつ無料 配信。 ※スマートフォン版の「特集キャンペーン」に該当画像が表示されてない場...

6 Yahoo! JAPAN - 東京都 港区 - インターネット・ソフトウェア | Facebook

❹「検索ランキングの詳細」には、Google における検索結果上位 100 サイトのタイトルと抜粋が表示されるので、競合サイトの確認をしましょう。表示内容は、サマリの右にある<詳細表示>をクリックすると、それぞれのキーワードに対応した内容に切り替えられます。

POINT　検索順位のチェックも効率的に

対策しているキーワードにおける検索順位のチェックは、Webサイトの作成初期では非常に重要な作業です。効率的に行えるよう、上手にツールを利用しましょう。

補足1 関連法律

Webサイトに掲載した情報は、不特定多数の人々に見られ、消費されることになります。多くの人に影響を与える責任を理解して情報を作成するとともに、関連する法律や法令をしっかりと知っておくことが大切です。

コンテンツ作成

Webコンテンツを作成する際には、他者の権利を侵害しないようにするとともに、利用者に誤解を与えない表現にするよう心がけましょう。特に、以下の法律に注意が必要です。

- 著作権
  他者の制作物を利用する際には、情報源と自己の制作物でないことを明示する。利用が禁止されている場合は、権利者の許諾を得てから利用する。
- 肖像権／プライバシー権
  公人や公共物は除き、個人や場所が特定できる画像を利用する場合は、掲載許諾を得てから使用する。
- 景品表示法（不当景品類および不当表示防止法）
  誤解や優良誤認をもたらす表記は禁止されている（補足2参照）。

通信販売を行うWebサイト

特に通信販売を行うWebサイトでは、特商法（特定商取引に関する法律）にもとづき以下の項目を表示しなければなりません。詳細は、経済産業省のホームページ（http://www.meti.go.jp/）などで確認してください。

提供者情報：運営統括責任者名　住所　電話番号

販売情報　：価格　送料　支払い時期と方法　引き渡し方法　返品の可否　申込みの有効期限と販売数量　付帯費用

補足2 虚偽／誇大表現

アクション率を上げようと工夫しているうちに、思わず誇大表現を使ってしまいがちですが、景品表示法（不当景品類および不当表示防止法）によって消費者に誤解や優良誤認をもたらす不当な広告表示は禁止されているので、注意が必要です。

利用者に誤解を与えないよう注意する

景品表示法第4条第1項第1号では、事業者が自己の供給する商品・サービスの取引において、不当に顧客を誘引し、一般消費者による自主的かつ合理的な選択を阻害するおそれがあると認められる、以下のような表示を禁止しています。

- 実際のものよりも著しく優良であると示す
- 事実に相違して競争関係にある事業者に係るものより著しく優良であると示す

景品表示法では故意に偽って表示する場合だけでなく、誤って表示してしまった場合であっても規制の対象となります。実際の作業では、以下に挙げたような表示や言葉を使ってしまいがちですが、使い方によっては規制の対象になるので注意が必要です。詳細は消費者庁のホームページ（http://www.caa.go.jp/index.html）などで確認し、しっかりと誤解のない表現を心がけましょう。

● 注意が必要な表記

断定	絶対	必ず	間違いなく	確実
過剰	完全	完璧	万全	100%
	最高	全員	すべて	誰でも
不可能	永久	永遠	永年	いつまでも
虚偽	限定	今だけ		

補足3 文字化けしない文字

せっかくコンテンツを作っても、文字化けしてしまい、読めなければ意味がありません。どのような環境でも文字化けせず、しっかりと読めるコンテンツを作るために、文字化けしない文字を利用することも大切です。

文字化けしない文字

現在もOSやフォントが異なると表示できない「環境依存文字」と呼ばれる文字が多数存在し、自分のパソコンでは正常に表示されているのに、ほかの人のパソコンでは文字化けしてしまうということは頻繁にあります。**特に、メールマガジンやリリース文のように、メールを利用してコンテンツを配信する場合は、この文字化けに注意が必要です**。せっかく作成しても、相手の環境では文字化けしてしまい読めなければ、意味がありません。

文字化けを避けるためには、あまり特殊な文字は用いず、基本的な文字を使うようにします。参考として、全角カナ、常用漢字以外で、文字化けを気にせず利用できる記号の一覧を挙げておきますので、記号を利用したいときは以下の一覧を参考にし、文字化けしないコンテンツの作成を心がけましょう。

● 半角／全角アルファベット

半角： ABCDEFGHIJKLMNOPQRSTUVWXYZ
abcdefghijklmnopqrstuvwxyz

全角： ＡＢＣＤＥＦＧＨＩＪＫＬＭＮＯＰＱＲＳＴＵＶＷＸＹＺ
ａｂｃｄｅｆｇｈｉｊｋｌｍｎｏｐｑｒｓｔｕｖｗｘｙｚ

● 半角／全角数字

半角： 0123456789

全角： ０１２３４５６７８９

全角ギリシャ文字

ΑΒΓΔΕΖΗΘΙΚΛΜΝΞΟΠΡΣΤΥΦΧΨΩ
αβγδεζηθικλμνξοπρστυφχψω

全角ロシア文字

АБВГДЕЁЖЗИЙКЛМНОПРСТУФХЦЧШЩЪЫЬЭЮЯ
абвгдеёжзийклмнопрстуфхцчшщъыьэюя

半角記号

?!@#$%&"^`'*=+-~:;,./\¦<>()[]{}

全角記号

？！＠＃＄￥％＆℃￠￡＊§∫∬Å‰♯♭♪†‡¶
☆★○●◎◇◆□■△▲▽▼
〝 ‘’ “” ゜´｀¨＾￣゜′″
‐＝≠≡≒＋－±×÷＜＞≦≧～∴∵〓∈∋⊆⊇⊂⊃∪∩∧∨￢⇒⇔∀∃∠⊥
⌒∂∇≪≫√∽∝∞
：；、。，．・…‥／＼‖｜（）〔〕［］｛｝〈〉《》「」『』【】
＿ヽヾゝゞ〃仝々〆〇ー―♂♀※〒→←↑↓◯

全角罫線

─│┌┐┘└├┬┤┴┼━┃┏┓┛┗┣┳┫┻╋┠┯┨┷┿┝┰┥┸╂

Index

索引

た行

な行

は行

ま行

や行

ら行

■著者略歴

鈴木　良治　（すずき　りょうじ）
京都大学卒、アンドバリュー株式会社代表取締役社長。自らも開発や制作を行うことで実践的方法論を考案し、様々な企業や大学、エンジニアなどに提供している。信条は、最先端の難しい概念や技術を誰でも使える方法論やシステムとして提供し、より多くの人が便利で豊かに暮らせるようにすること。

● 編集／DTP……………………… リンクアップ
● カバー …………………………… 菊池　祐（ライラック）
● 本文デザイン …………………… リンクアップ
● 担当 ……………………………… 青木　宏治

● 技術評論社ホームページ ……… http://book.gihyo.jp

■お問い合わせについて

本書の内容に関するご質問は、下記の宛先までFAXまたは書面にてお送りください。なお電話によるご質問、および本書に記載されている内容以外の事柄に関するご質問にはお答えできかねます。あらかじめご了承ください。

〒162-0846
新宿区市谷左内町21-13
株式会社技術評論社　書籍編集部
「SEO対策のためのWebライティング実践講座」質問係
FAX番号　03-3513-6167

※なお、ご質問の際に記載いただいた個人情報は、ご質問の返答以外の目的には使用いたしません。
また、ご質問の返答後は速やかに破棄させていただきます。

SEO対策のためのWebライティング実践講座

2015年3月20日　初版　第1刷発行

著者　鈴木　良治
発行者　片岡　巌
発行所　株式会社技術評論社
東京都新宿区市谷左内町 21-13
電話　03-3513-6150　販売促進部
　　　03-3513-6160　書籍編集部
印刷／製本　株式会社加藤文明社

定価はカバーに表示してあります。

造本には細心の注意を払っておりますが、万一、乱丁（ページの乱れ）や落丁（ページの抜け）がございましたら、小社販売促進部までお送りください。送料小社負担にてお取り替えいたします。
ISBN978-4-7741-7167-8 C3055
Printed in Japan